U0159496

物 理 化 学

刘云霞　编

西南交通大学出版社
·成　都·

图书在版编目（CIP）数据

物理化学 / 刘云霞编. —成都：西南交通大学出版社，2020.9
ISBN 978-7-5643-7703-8

Ⅰ. ①物… Ⅱ. ①刘… Ⅲ. ①物理化学－高等职业教育－教材 Ⅳ. ①O64

中国版本图书馆 CIP 数据核字（2020）第 187908 号

Wuli Huaxue
物理化学

刘云霞 / 编

责任编辑 / 牛　君
助理编辑 / 赵永铭
封面设计 / 何东琳设计工作室

西南交通大学出版社出版发行
（四川省成都市金牛区二环路北一段 111 号西南交通大学创新大厦 21 楼　610031）
发行部电话：028-87600564　　028-87600533
网址：http://www.xnjdcbs.com
印刷：成都蜀通印务有限责任公司

成品尺寸　185 mm × 260 mm
印张　11.5　　字数　286 千
版次　2020 年 9 月第 1 版　　印次　2020 年 9 月第 1 次

书号　ISBN 978-7-5643-7703-8
定价　32.00 元

课件咨询电话：028-81435775
图书如有印装质量问题　本社负责退换

PREFACE 前言

本书根据国家高等职业教育人才培养要求的精神编写。全书体现以下特点：在思想水平上，注重教材的思想性与职业导向性；在科学水平上，注重教材的知识正确性与内容先进性；在教学水平上，注重教材的教学适应性、内容的实用性、结构的合理性与使用的灵活性；在图文水平上，注重内容的可读性与规范性。

物理化学是高等职业院校化工及制药专业的基础课之一，这门课使学生更好地掌握物理化学的基本理论，培养学生分析问题、解决问题的能力及计算能力，为学习后续课程及就业奠定坚实的基础。

本书内容上共分八章，包括理想气体、热力学第一定律、热力学第二定律、非电解质溶液与相平衡、电化学、化学平衡、化学动力学基础、界面现象与胶体等。我们在编写过程中本着“够用、实用、适用”的原则，精选理论内容，以基础知识和基本理论为主，力求做到少而精、深入浅出、简明扼要、循序渐进，同时注重理论联系实际，以适合高等职业院校的教学需要。在知识点上突出“宽、浅、实”，即知识面宽、浅显易懂、注重实用性，力求做到教师易教，学生易学。针对高职高专学生的实际情况，本书对基本原理的叙述力求深入浅出，精简了公式的推导过程，强调公式的使用条件和应用范围。为了便于教学和学习，本书例题和习题的选编也力求典型并注重启发性。本书在强调物理化学理论基础的同时，突出专业特点，注重物理化学原理在化工、医药方面的应用，书中例题多结合化工、医药知识。本书适合高职院校化工与制药等相关专业学生使用。

本书由重庆工业职业技术学院刘云霞副教授编写，得到了重庆市“十三五”规划项目——产教融合下药品生产技术专业“三三结合式”的人才培养模式探索（2019-GX-516）和重庆工业职业技术学院骨干人才项目的资助，特此表示感谢。

由于编者水平有限，书中疏漏和不妥之处在所难免，敬请各位专家和读者批评指正！

编　者

2020 年 5 月

PREFACE

CONTENTS 目录

第一章　理想气体 001

1.1　理想气体状态方程 001
1.2　混合气体的分压定律与分体积定律 003
1.3　气体的液化及范德华方程 006

第二章　热力学第一定律 009

2.1　热力学基本概念 010
2.2　热力学第一定律 013
2.3　焓与热容 015
2.4　热力学第一定律的应用 018

第三章　热力学第二定律 030

3.1　自发过程与热力学第二定律 030
3.2　熵 031
3.3　热力学第三定律与化学反应熵变 037
3.4　Gibbs 函数及其判据 039
3.5　热力学基本方程 043

第四章　非电解质溶液与相平衡 046

4.1　拉乌尔定律和亨利定律 046
4.2　稀溶液的依数性 049
4.3　理想溶液与真实溶液 052
4.4　分配定律 054
4.5　相平衡 056
4.6　单组分体系 058
4.7　理想的完全互溶双液系相图 062

第五章　电化学…………069
5.1　电化学的基本概念和法拉第定律…………069
5.2　电解质溶液的电导…………072
5.3　电导测定的应用…………080
5.4　可逆电池与可逆电极…………083
5.5　电极电势和电池电动势…………088
5.6　电池电动势的测定及其应用…………094
5.7　极化作用…………101
5.8　金属的腐蚀与防护…………105
第六章　化学平衡…………109
6.1　化学反应的方向和平衡条件…………109
6.2　化学反应的平衡常数及等温方程式…………111
6.3　有关化学平衡的计算…………116
6.4　影响化学平衡的因素…………118
6.5　化学工艺应用热力学分析的实例…………124
第七章　化学动力学基础…………129
7.1　化学反应速率…………130
7.2　化学反应的速率方程…………131
7.3　具有简单级数的反应…………133
7.4　温度对速率常数的影响…………137
7.5　催化剂与催化作用…………140
第八章　界面现象与胶体…………148
8.1　比表面吉布斯函数和表面张力…………149
8.2　吸附作用…………153
8.3　分散体系的分类及胶体的性质…………158
参考文献…………167
附　录…………168

1 第一章　理想气体

学习要求

（1）掌握理想气体状态方程及计算。
（2）掌握摩尔分数的概念及计算。
（3）掌握分压定律及其计算。
（4）掌握分体积定律及其计算。
（5）理解饱和蒸气压的概念及范德华方程。

物质是由分子、原子等微观粒子组成的。根据分子间距离的大小，可将物质分为气、液、固三种聚集状态，在一定条件下，三者可以相互转化。

对同一物质而言，气态是分子间距离最大的一种状态，具有良好的流动性和混合性。我们的日常生活、化工制药和科学研究都离不开气态物质。因此，学习物理化学首先要弄清楚气体的性质及变化规律。

1.1 理想气体状态方程

1.1.1 气体的 pVT 性质

气体具有三个最基本的性质，即压强、体积和温度。

1. 压强

气体分子由于不断碰撞容器壁，对容器壁产生的作用力。单位面积容器壁上所受的力称为压强，用符号 p 表示，国际单位制中其单位是 Pa（帕斯卡，简称帕），$1\ \text{Pa} = 1\ \text{N/m}^2$。习惯用单位有 atm（大气压）或 mmHg（毫米汞柱）。

$$1\ \text{atm} = 760\ \text{mmHg} = 101\ 325\ \text{Pa}$$

2. 体积

体积是气体所占据的空间，用符号 V 表示，单位是 m^3 或 L 或 mL。由于气体的流动性好，能充满盛装气体的整个容器，故容器的体积即为气体的体积。

$$1\ m^3 = 10^3\ L = 10^6\ mL$$

3. 温度

温度是表示气体冷热程度的物理量，微观上来讲是气体分子热运动的剧烈程度，国际单位制中规定使用热力学温度，用符号 T 表示，单位是 K（开尔文）。我国常用摄氏温度，用符号 t 表示，单位是℃。

$$T(K) = t(℃) + 273.15$$

1.1.2 理想气体及其状态方程

1. 理想气体状态方程

早在 17 世纪中期，科学家就开始研究气体的 p、V、T 之间的关系。通过大量实验发现，各种低压气体都遵从以下方程：

$$pV = nRT \tag{1.1}$$

式中 p——气体的压强，Pa；

V——气体的体积，m^3；

n——气体的物质的量，mol；

T——气体的热力学温度，K；

R——摩尔气体常数。R 值为 $8.314\ J\cdot mol^{-1}\cdot K^{-1}$，该值与气体的种类无关。

实验证明，气体在温度较高、压强较低下，即气体较稀薄，气体分子间的平均距离较远，分子间的作用力及分子本身的体积均可忽略不计时，才能较好地符合这个方程，由此科学家提出了一种气体简单模型，并称之为理想气体，式（1.1）则称之为理想气体状态方程。

2. 理想气体模型

在任何温度、压强下都严格遵从理想气体状态方程的气体叫理想气体。显然，理想气体客观上并不存在，是科学家为了研究气体性质而抽象出的一个理想模型。在微观上，理想气体有以下两个特点：

（1）分子本身的大小比分子间的平均距离小得多，即分子本身不占有体积，可视为质点。

（2）分子间没有相互作用力。

【例 1.1】在 298.15 K 下，一个体积为 50 m^3 的氧气钢瓶，当它的压力降为 1 500 kPa 时，试计算钢瓶中剩余的氧气在标准状况下的体积为多少？

解：

$$n=\frac{pV}{RT}=\frac{1.5\times10^{6}\ \mathrm{Pa}\times50\ \mathrm{m}^{3}}{8.314\ \mathrm{Pa\cdot m^{3}\cdot mol^{-1}\cdot K^{-1}}\times298.15\ \mathrm{K}}$$

$$=30.27\ \mathrm{mol}$$

在标准状况下，任何气体的摩尔体积约为 22.4 L · mol^{-1}，所剩余的氧气体积为

$$30.27\ \mathrm{mol}\times22.4\ \mathrm{L\cdot mol^{-1}}=678.048\ \mathrm{L}$$

1.2 混合气体的分压定律与分体积定律

1.2.1 混合物的组成

在化工制药生产及日常生活中遇到的气体大多是混合气体，如天然气、空气等。混合气体的 p、V、T 在低压下同样服从理想气体状态方程，其 pVT 性质与组分的含量有关。

1. 摩尔分数

混合气体中各组分含量常用摩尔分数表示，某组分的摩尔分数等于该组分的物质的量与混合气体总物质的量之比，即

$$y_{\mathrm{B}}=\frac{n_{\mathrm{B}}}{n} \tag{1.2}$$

式中 y_{B}——混合气体中任一组分 B 的摩尔分数，无量纲；

n_{B}——混合气体中任一组分 B 的物质的量，mol；

n——混合气体总的物质的量，mol。

显然，所有组分的摩尔分数之和为 1，即有

$$y_1+y_2+y_3+\cdots=\sum_{n}y_{\mathrm{B}}=1 \tag{1.3}$$

一般，气体混合物的摩尔分数常用 y 表示，液体混合物的摩尔分数常用 x 表示。

【例 1.2】在 298 K 下，某钢瓶有氢气 4 g，氩气 4 000 g，求氢气和氩气的摩尔分数。

解：

$$n_{H_2}=\frac{4}{2}=2\ (\mathrm{mol})$$

$$n_{Ar}=\frac{4\ 000}{40}=100\ (\mathrm{mol})$$

$$y_{H_2}=\frac{2}{2+100}=0.02$$

$$y_{Ar}=1-y_{H_2}=1-0.02=0.98$$

2. 混合气体的平均摩尔质量

混合气体无固定的摩尔质量，故称为平均摩尔质量，它是指 1 mol 混合气体所具有的质量。其值等于混合气体中每个组分的摩尔分数与摩尔质量乘积的总和，即

$$M_{mix}=\frac{m_{总}}{n_{总}}=\frac{m_1+m_2+\cdots+m_i}{n_{总}}=\frac{n_1M_1+n_2M_2+\cdots+n_iM_i}{n_{总}}$$

$$M_{mix}=y_1M_1+y_2M_2+\cdots+y_iM_i=\sum y_BM_B \tag{1.4}$$

1.2.2 道尔顿分压定律

在实际工作中常遇到多组分的气体混合物，其中某一组分气体 B 对器壁所施加的压力，称为该气体的分压（p_B），它等于相同温度下该气体单独占有与混合气体相同体积时所产生的压力。混合气体的压力组分的气体的分压之和，此经验规则称为道尔顿分压定律，其数学表达式为

$$p=\sum p_B \tag{1.5}$$

如组分气体和混合气体的物质的量分别为 n_B 和 n，则它们的压力分别为

$$p_B=n_B\frac{RT}{V} \tag{1.6a}$$

$$p=n\frac{RT}{V} \tag{1.6b}$$

式中，V 为混合气体的体积。

将式（1.6a）除以式（1.6b），可得下式：

$$\frac{p_B}{p}=\frac{n_B}{n}\ 或\ p_B=\frac{n_B}{n}p \tag{1.7}$$

式（1.7）为分压定律的另一种表达形式，它表明混合气体中任一组分气体 B 的分压（p_B）等于该气体的物质的量分数与总压之积。

【例 1.3】今有 300 K、104.365 kPa 的湿烃类混合气体（含水蒸气的烃类混合气体），其中水蒸气的分压为 3.167 kPa，现欲得到除去水蒸气的 1 000 mol 干烃类混合气体，试求应从湿混合气体中除去水蒸气的物质的量。

解：设烃类混合气的分压为 p_A，水蒸气的分压为 p_B

$$p_B = 3.167\ \text{kPa}\ ;\quad p_A = p - p_B = 101.198\ (\text{kPa})$$

由公式 $p_B = y_B p = (n_B/\sum n_B)p$，可得

$$\frac{n_B}{n_A} = \frac{p_B}{p_A}\ ;\qquad n_B = \frac{p_B}{p_A} n_A = \frac{3.167}{101.198} \times 1000 = 31.30\ (\text{mol})$$

1.2.3 分体积定律

在恒温、恒压下，将体积分别为 V_1 和 V_2 的两种气体混合，在压力很低的条件下，可得 $V = V_1 + V_2$，混合气体的总体积等于所有组分的分体积之和，即为分体积定律。

$$V = \sum V_B \tag{1.8}$$

工业上常用各组分气体的体积分数表示混合气体的组成。由于同温同压下，气态物质的量与它的体积成正比，不难导出混合气体中组分气体 B 的体积分数等于物质 B 的摩尔分数：

$$\frac{V_B}{V} = \frac{n_B}{n} \tag{1.9}$$

式中，V_B、V 分别为组分气体 B 和混合气体的体积。把式（1.9）代入（1.7）式得

$$p_B = \frac{V_B}{V} p \tag{1.10}$$

值得注意的是理想气体在任何情况下都满足分压定律和分体积定律，但实际气体只有在低压下才能满足。分体积是指某气体混合前在指定温度、压力下所占的体积，混合后没有分体积。

【例 1.4】有一煤气罐其容积为 30.0 L，27.00℃时内压为 600 kPa。求当储罐内煤气中 CO 的体积分数为 0.600，H_2 的体积分数为 0.100，其余气体的体积分数为 0.300 时，该储罐中 CO、H_2 的质量和分压。

解：已知 $V = 30.0\ \text{L} = 0.030\ 0\ \text{m}^3$

$$p = 600\ \text{kPa} = 6.00 \times 10^5\ \text{Pa}$$

$$T = (273.15 + 27.00)\text{K} = 300.15\ \text{K}$$

则 $$n=\frac{pV}{RT}=\frac{6.00\times10^5\,\text{Pa}\times0.0300\text{m}^3}{8.314\text{Pa}\cdot\text{m}^3\cdot\text{mol}^{-1}\cdot\text{K}^{-1}\times300.15\text{K}}=7.21\text{ mol}$$

根据 $\frac{V_B}{V}=\frac{n_B}{n}$ 和 $M=\frac{m}{n}$ 有

$$n(\text{CO}) = 7.21\text{ mol} \times 0.600 = 4.33\text{ mol}$$

$$n(\text{H}_2) = 7.21\text{ mol} \times 0.100 = 0.720\text{ mol}$$

$$m(\text{CO}) = n(\text{CO}) \times M(\text{CO}) = 121\text{ g}$$

$$m(\text{H}_2) = n(\text{H}_2) \times M(\text{H}_2) = 1.45\text{ g}$$

再根据 $p_B=\frac{V_B}{V}p$ 有

$$p(\text{CO})=\frac{V(\text{CO})}{V}p=0.600\times600\text{ kPa}=360\text{ kPa}$$

$$p(\text{H}_2)=\frac{V(\text{H}_2)}{V}p=0.100\times600\text{ kPa}=60.0\text{ kPa}$$

1.3 气体的液化及范德华方程

1.3.1 气体的液化

理想气体是不可以液化的（因分子间没有相互作用力），而实际气体分子间存在相互作用力，且作用力随着温度的降低和压强的升高而加强，当温度足够低，压强足够大时，聚集状态将发生变化——液化。化工制药中气体液化的途径有降温和加压。实践表明，降温可以使气体液化，但加压却不一定能使气体液化，还与加压时的温度有关，故气体液化是有条件的。

当气体的温度高于临界温度时，无论加多大的压力，都不能使其液化。所谓临界温度，是指使气体能够液化所允许的最高温度。所以，气体液化的必要条件是气体的温度低于临界温度，充分条件是压力大于该温度下的饱和蒸气压。

1.3.2 液体的饱和蒸气压

气体在一定温度、压力下可以液化，同样液体在一定温度、压力下也可以气化。当物质处于气液平衡共存时，液体蒸发成气体的速率与气体凝聚成液体的速率相等。此时，若不改变外界条件，气体和液体可以长期稳定地共存，其状态和组成均不发生改变。在某一温度下，液体与其蒸气达到平衡状态时，平衡蒸气的压力称为这种液体在该温度下的饱和蒸气压，简称蒸气压。

饱和蒸气压可以用来量度液体分子的逸出能力，即液体的蒸发能力。饱和蒸气压值的大小与物质分子间作用力和温度有关。

（1）温度升高，分子热运动加剧，单位时间内能够摆脱分子间引力而逸出进入气相的分子数增加，饱和蒸气压增大。

（2）相同温度下，不同物质之间，分子间作用力越小，分子越易逸出，饱和蒸气压越大。

（3）随温度升高，液体的饱和蒸气压逐渐增大，当饱和蒸气压等于外压时，液体便沸腾，此时所对应的温度称为该液体的沸点。显然液体的沸点的高低也是由物质分子间作用力决定的，还与液体所受的外压有关，外压越大，沸点越高。通常在 101.3 kPa 下的沸点称为正常沸点。

（4）相同外压下，饱和蒸气压越大的液体，沸点越低，挥发性越强。

（5）值得强调的是，不但液体有饱和蒸气压，固体同样也有饱和蒸气压，其数值也是由固体的本质和温度决定。

1.3.3 真实气体状态方程

真实气体压力越低越接近理想气体，其在低压下的 p、V、T 可通过理想气体状态方程计算得到，产生的偏差较小，但在高压下，气体分子间的作用力增大，分子本身占有的体积将不能忽略，若再用理想气体状态方程计算，则产生的偏差将很大。而现实化工制药生产中很多过程均是在高压下完成的，例如合成甲醇、氨等。因此，科学家以理想气体状态方程为基础，并通过大量实验，提出了许多真实气体状态方程，以此来描述真实气体的 p、V、T 关系。

1873 年，范德华提出了两个具有物理意义的修正因子 a 和 b，并对理想气体状态方程中的 p，V 进行修正后得到了范德华方程，即

$$\left(p+\frac{a}{V_{\mathrm{m}}^2}\right)(V_{\mathrm{m}}-b)=RT \tag{1.11}$$

式中 a/V_{m}^2——压力修正项，由于分子间引力造成的压强减小值，称为内压力，Pa；

b——范德华常数，体积修正因子，由于真实气体分子本身占有体积对 V_{m} 的修正项，也称为排除体积或已占体积，$\mathrm{m^3 \cdot mol^{-1}}$；

a——范德华常数，指 1 mol 单位体积的气体由于存在分子间引力对压强的校正，$\mathrm{Pa \cdot m^3 \cdot mol^{-1}}$。

范德华认为 a、b 的值不随温度改变。实验测得的部分气体的范德华常数值可在化工手册上查到。

习　题

一、选择题

1. 理想气体模型的基本特征是（　　）。

A. 分子不断地做无规则运动、它们均匀分布在整个容器中

B. 各种分子间的作用相等，各种分子的体积大小相等

C. 所有分子都可看作一个质点，并且它们具有相等的能量

D. 分子间无作用力，分子本身无体积

2. 对于实际气体，对于实际气体，处于下列（　　）情况时，其行为与理想气体相近。

A. 高温高压　　B. 高温低压　　C. 低温高压　　D. 低温低压

3. 物质能以液态形式存在的最高温度是（　　）

A. 沸腾温度　　B. 凝固温度　　C. 任何温度　　D. 临界温度

4. 在恒温下向一个 2 L 的真空容器中依次充入初始状态为 100 kPa、2 L 的气体 A 和 200 kPa、1 L 的气体 B，A、B 均可当作理想气体且两者不反应，则容器中混合气体总压力为（　　）。

A. 300 kPa　　B. 200 kPa　　C.150 kPa　　D.100 kPa

二、计算题

1. 293.15 K 时，将乙烷和丁烷的混合气体充入一个真空的 20 L 的容器中，充气体质量为 38.97 g 时，压力达到 101.325 kPa，试计算混合气体中乙烷和丁烷的摩尔分数与分压力。

2. 298.15 K 时，在一个抽空的烧瓶中充入 2.00 g 的 A 气体，此时瓶中压力为 100 kPa。今若再充入 3.00 g 的 B 气体，发现压力上升为 150 kPa，试求两物质的摩尔之比。

3. 由 1 kg 的 $N_2(g)$和 1 kg 的 $O_2(g)$混合形成理想气体混合物，在 298.15 K、85 kPa 下的体积是多少?两种气体的分压力各是多少?

4. 水平放置两个体积相同的球形烧瓶，中间用细玻璃管连通，形成密闭的系其中装有 0.7 mol H_2。开始两球温度均是 300 K，压力是 506 625 Pa。今若将其中一球浸入 400 K 的油浴锅中，试计算此时瓶中的压力及两球中各含 H_2 的物质的量。

5. 300 K 时 40 L 的钢瓶中储存 $H_2(g)$压力为 14.7 MPa，提取 101.3 kPa 300 K 时的 H_2 气体 120 L，试求钢瓶中剩余乙烯气体的压力。

2 第二章 热力学第一定律

学习要求

（1）掌握热力学基本概念，如系统与环境、宏观性质、热力学平衡态、状态与状态函数、过程与途径、可逆过程、热与功、内能。

（2）掌握热力学第一定律及其表达式。

（3）掌握恒容热、恒压热、焓的定义及其计算。

（4）掌握摩尔定容热容与摩尔定压热容的关系。

（5）掌握理想气体在单纯 p、V、T 变化过程中的热力学能变和焓变的计算。

（6）理解标准摩尔生成焓、标准摩尔反应焓、标准摩尔生成焓的定义，理解盖斯定律，掌握标准反应焓的计算方法。

（7）掌握化学反应恒压热与恒容热之间的关系。

在科学研究及化工制药生产中经常要考虑这样的问题：设计一个物理或化学变化在理论上是否可行，这个变化是吸热还是放热，是消耗功还是对外做功，从理论上应选择什么样的反应条件等。这些问题的解决都要依靠热力学。

热力学是研究物理变化与化学变化过程中热、功及其相互转换关系的一门自然科学。任何形式能量之间的相互转换必然伴随着系统状态的改变，广义地说，热力学是研究系统宏观状态性质变化之间关系的学科。

热力学的基本原理应用于化学变化过程及与化学有关的物理变化过程，即构成化学热力学。化学热力学有三大基本定律，其主要作用如下：利用热力学第一定律来研究化学变化过程以及与之密切相关的物理变化过程中的能量效应；利用热力学第二定律来研究指定条件下某热力学过程的方向和限度以及研究多相平衡和化学平衡；利用热力学第三定律来确定规定熵的数据，再结合其他热力学数据从而解决有关化学平衡的计算问题。

热力学的基本定律及其推论是人类实践经验的科学总结，具有普遍性和可靠性。在其指导下，设计新的化学反应路线或制备新的化学产品时，能事先在理论上做出判断，从而避免因盲目实验所造成的人力、物力和时间的耗费。因此可以说，热力学已经且仍将极大地推动社会生产及相关科学的发展。

应注意的是，热力学只能解决在给定条件下变化的可能性问题，欲将可能性转变为现实性，尚需众多学科知识的相互配合。

2.1 热力学基本概念

2.1.1 体系和环境

宇宙间各事物总是相互联系的。为了研究方便，常把要研究的那部分物质和空间与其他物质或空间人为地分开。被划分出来作为研究对象的那部分物质或空间称为**体系**（或物系、或系统）。体系之外并与体系有密切联系的其他物质或空间称为**环境**。例如：一杯水，如果只研究杯中的水，水就是体系，而杯和杯以外的物质和空间则为环境。

按照体系和环境之间物质和能量的交换情况，可将体系分为以下三类：

（1）敞开体系：体系和环境之间，既有物质交换，又有能量交换。例如一个敞口的盛有一定量水的烧瓶，就是敞开系统，因为瓶内既有水的不断蒸发和气体的溶解（物质交换）；又可以有水和环境间的热量交换。

（2）封闭体系：体系和环境之间，没有物质交换，但有能量交换。如对盛有水的烧瓶上再加一个塞子，即成为封闭系统。因为这是水的蒸发和气体的溶解只限制在瓶内进行，体系和环境间仅有热量交换。

（3）隔离体系：体系和环境之间，既没有物质交换，又没有能量交换，也叫孤立体系。例如将水盛在加塞的保温瓶（杜瓦瓶）内，即是隔离体系。严格地讲，真正的隔离体系并不存在，因为自然界一切事物总是相互联系或相互影响的。但当这些联系或影响可以忽略时，就可以将这样的体系看作是隔离体系。如果一个体系不是隔离体系，只要把与此体系有物质和能量交换的那一部分环境，划到这个体系中，组成一个新体系，则此新体系就变成隔离体系了。

2.1.2 体系的宏观性质

任何体系都可以用一系列宏观可测的物理量，如物质的种类、质量、体积、压力、温度等，来描述体系的状态。决定体系状态的物理量称为**体系的性质**。体系的性质按是否具有加和性可分为广度性质和强度性质。

广度性质的数值与系统中物质的总量有关，具有加和性，如质量、体积、内能等。而**强度性质**则与物质的总量无关，不具有加和性，如温度、密度、压力等。广度性质的摩尔量是强度性质，如摩尔质量、摩尔体积等。

2.1.3 热力学平衡态

当体系的性质不随时间而改变，则体系就处于热力学平衡态，它包括下列几个平衡：

（1）热平衡：体系各部分温度相等。

（2）力学平衡：体系各部的压力都相等，边界不再移动。如有刚壁存在，虽双方压力不等，但也能保持力学平衡。

（3）相平衡：多相共存时，各相的组成和数量不随时间而改变。

（4）化学平衡：反应体系中各物的数量不再随时间而改变。

2.1.4 状态和状态函数

体系的状态就是体系的性质的综合表现。当体系的所有性质都有确定值时，就说体系处于一定状态。如果某种或几种性质发生变化，则体系状态也就发生变化，这些能够表征体系性质的宏观性质，称为体系的**状态函数**。

体系的各状态函数之间往往是有联系的。因此，通常只需确定体系的某几个状态函数，其他的状态函数也随之而定。例如：一种理想气体，如果知道了压强（p）、体积（V）、温度（T）、物质的量（n）这四个状态函数中的任意三个，就能利用气体状态方程（$pV=nRT$）来确定第四个状态函数。

当体系状态发生变化时，状态函数的改变量只与体系的起始状态和最终状态有关，而与状态变化的具体途径无关。状态函数的特性可描述为：异途同归，值变相等；周而复始，数值还原。例如：一种理想气体，若使其温度由 300 K 变为 350 K，无论是由始态的 300 K 直接加热到终态的 350 K，或先从始态的 300 K 冷却到 280 K，再加热到 350 K，状态函数温度 T 的变化ΔT 只由体系的初态（300 K）和终态（350 K）所决定（$\Delta T = 350\ \text{K} - 300\ \text{K} = 50\ \text{K}$），而与变化的途径无关。

2.1.5 过程与途径

体系状态发生的变化，称为经历了一个过程。体系状态从同一始态到同一终态可以有不同的方式，这种不同的方式称为途径。

1. 单纯 pVT 变化过程（无化学变化和相变化，只有 pVT 变化）

（1）恒温过程。体系温度等于环境温度且恒定不变的过程，即

$$T = T_{su} = \text{定值}$$

（2）等外压过程。环境压力始终保持不变的过程，即

$$p_{su}=\text{定值}$$

（3）恒压过程。体系的压强等于环境压强且恒定不变的过程。

$$p=p_{su}=\text{定值}$$

（4）恒容过程。体系的体积始终恒定不变的过程。

$$V=\text{定值}$$

（5）绝热过程。体系与环境无热交换的过程。

$$Q=0$$

理想的绝热过程实际并不存在。但对被良好的绝热壁包围的体系，或对发生变化极快的过程，如爆炸、快速燃烧，体系与环境来不及发生热交换，可近似作为绝热过程处理。

（6）循环过程。体系从始态出发，经过一系列变化后又回到了始态的变化过程。在这个过程中，所有状态函数的变量等于零。

2. 相变化过程

物质的聚集状态通常可分为气态、液态、固态。系统中发生聚集状态的变化过程称为相变化过程，如气体的液化和凝华、液体的汽化和凝固、固体的熔化和升华，以及固体不同晶型间的转化等。通常，相变化是在等温、等压的条件下进行的。

3. 化学变化过程

系统中发生化学反应，致使物质的种类和数量都发生了变化的过程称为化学变化过程。化学变化过程一般是在等温等压或等温等容的条件下进行的。

4. 可逆过程

系统由状态 1 变为状态 2，如果回复到状态 1，系统与环境没有任何变化，则系统由状态 1 变为状态 2 的过程为可逆过程。否则为不可逆过程。

可逆过程的特点：

（1）状态变化时推动力与阻力相差无限小，体系与环境始终无限接近于平衡态；

（2）过程中的任何一个中间态都可以从正、逆两个方向到达；

（3）体系变化一个循环后，体系和环境均恢复原态，变化过程中无任何耗散效应；

（4）等温可逆过程中，体系对环境做最大功，环境对体系作最小功。

可逆过程是在无任何摩擦损失的情况下，系统与环境间无限接近平衡态时进行的过程（如恒温膨胀过程）。

2.2 热力学第一定律

2.2.1 热和功

热和功是体系发生某过程时与环境之间交换或传递能量的两种不同形式。体系和环境之间因温差而传递的能量称为**热**，用符号 Q 表示。除热以外，其他各种形式被传递的能量都称为**功**，用符号 W 表示。热和功都具有能量的单位，均以焦耳（J）或千焦耳（kJ）来表示。

功有多种形式，可分为两大类。

（1）体积功。由于体系体积变化反抗外力作用而与环境交换的功，称为**体积功**，体积功是化学反应涉及较广的一种功。其定义式如下：

$$\delta W = -p_{环}\mathrm{d}V \tag{2.1}$$

若体系体积从 V_1 变化到 V_2，则所做的功为

$$W = -\int_{V_1}^{V_2} p_{环}\mathrm{d}V \tag{2.2}$$

（2）非体积功。除体积功外的其他功，统称为**非体积功**（如电功、机械功等）。

根据国际最新规定，以体系的得失能量为标准，$Q>0$（体系吸热）和 $W>0$（环境对体系做功，亦即体系得功），均表示体系能量的增加；反之 $Q<0$（体系放热）和 $W<0$（体系对环境做功，亦即体系失功），均表示体系能量的减少。

例如：汽缸内气体受热反抗恒定外压（环境压强 p）膨胀（体系由始态 V_1 增到终态 V_2，$\Delta V>0$）做功，体系失功：

$$W（膨胀）= -p(V_2-V_1) = -p\Delta V<0$$

反之，汽缸内气体受恒定外压作用被压缩（$\Delta V<0$），体系得功：

$$W（压缩）= -p(V_2-V_1)>0$$

必须注意，热和功都是体系发生某过程时与环境之间交换或传递能量的两种形式，因此热和功不仅与体系始、终态有关，而且与过程的具体途径有关，所以热和功不是状态函数。

【例 2.1】 1 mol 273 K、100 kPa 的理想气体经由下述四个途径恒温膨胀到终态压强为 50 kPa，计算四个途径中系统与环境交换的功。（1）自由膨胀；（2）p 恒为 50 kPa；（3）从始态先反抗 75 kPa 的恒定外压膨胀至一个中间态，然后再反抗 50 kPa 的恒定外压膨胀至终态；（4）用一堆无限细的细沙代替 100 kPa 的压强，每次减少一粒细沙，直到压强降低到 50 kPa。

解： 始、终态气体的体积分别为

$$V_1 = \frac{nRT}{p_1} = \frac{1\times 8.314\times 273}{100\times 10^3} = 2.27\times 10^{-2}\ (\mathrm{m}^3)$$

$$V_2 = \frac{nRT}{p_2} = \frac{1\times 8.314\times 273}{50\times 10^3} = 4.54\times 10^{-2}\ (\mathrm{m}^3)$$

（1）气体自由膨胀：

因为 $p_{环} = 0$

所以 $W_1 = -p_{环}(V_2 - V_1) = 0$

（2）一次膨胀：

$$W_2 = -p_{环}(V_2 - V_1) = -50\times 10^3 \times (4.54\times 10^2 - 2.27\times 10^{-2})$$
$$= -1.14\times 10^3\ (\mathrm{J})$$

（3）二次膨胀：

第一次在 p' 下由 V_1 膨胀到 V_2，第二次在 p'' 下由 V_2' 膨胀到 V_2，所以

$$V_2' = \frac{nRT}{p'} = \frac{1\times 8.314\times 273}{75\times 10^3} = 3.03\times 10^{-2}\ (\mathrm{m}^3)$$

$$W_3 = -p'(V_2 - V_1) - p''(V_2 - V_2')$$
$$= -75\times 10^3 \times (3.03\times 10^{-2} - 2.27\times 10^{-2}) - 50\times 10^3 \times (4.54\times 10^{-2} - 3.03\times 10^{-2})$$
$$= 1.33\times 10^3\ (\mathrm{J})$$

（4）用一堆无限细的细沙代替 100 kPa 的压强，每次减少一粒细沙，直到压强降低到 50 kPa。

$$W = -\int_{V_1}^{V_2} p\mathrm{d}V = -\int_{V_1}^{V_2} \frac{nRT}{V}\mathrm{d}V$$

$$W = nRT\ln\frac{V_1}{V_2} = nRT\ln\frac{p_2}{p_1}$$

$$W_4 = nRT\ln\frac{p_2}{p_1} = 1\times 8.314\times 273\times \ln\frac{50}{100} = -1.57\times 10^3$$

计算结果表明，四种膨胀方式，尽管体系的始态和终态一样，但途径不同，所做的功也不同，且膨胀次数越多，体系所做的功也越多。说明功不是状态函数，与过程有关。

2.2.2 热力学能

热力学能也称内能，是体系内部能量的总和，用符号 U 表示。包括分子运动的平动能、分子内的转动能、振动能、电子能、核能以及各种粒子之间的相互作用位能等。由于体系内部质点运动及相互作用很复杂，因而热力学能的绝对值难以确定。它是体系自身的属性，体

系在一定状态下，其热力学能也有一定的数值，因此热力学能（U）是一个状态函数，其改变量（ΔU）只取决于体系的始、终态，而与体系变化过程的具体途径无关。

2.2.3 热力学第一定律

经过长期实践，科学界公认自然界存在着一个普遍规律：在孤立体系中能量是不会自生自灭的，它可以变换形式，但总量不变，这就是能量守恒定律。

若一个封闭体系，环境对其做功（W），并从环境吸热（Q），使其热力学能由 U_1 的状态变化到 U_2 的状态，根据能量守恒定律，体系热力学能的变化（ΔU）为

$$\Delta U = U_2 - U_1 = Q + W \tag{2.3}$$

式（2.3）即为**热力学第一定律**的数学表达式，其含义是指封闭体系热力学能的变化等于体系吸收的热与体系从环境所得的功之和，是能量守恒定律在热传递过程中的具体表述，说明热力学能、热和功之间可以相互转化，但总的能量不变。

对封闭体系的微小变化：

$$\mathrm{d}U = \delta Q + \delta W \tag{2.4}$$

因为热力学能是状态函数，数学上具有全微分性质，微小变化可用 $\mathrm{d}U$ 表示；Q 和 W 不是状态函数，微小变化用 δ 表示，以示区别。

热力学第一定律也可以表述为：第一类永动机是不可能制成的。

热力学第一定律是人类经验的总结。历史上曾一度热衷于制造第一类永动机：一种既不靠外界提供能量，本身也不减少能量，却可以不断对外做功的机器。显然，这种机器与能量守恒定律矛盾，根本不存在也不可能制成，也证明了能量守恒定律的正确性。

2.3 焓与热容

2.3.1 等容热、等压热与焓

1. 等容热

体系在等容且不做非体积功的过程中与环境传递的热称为等容热，用符号 Q_V 表示。此时，体系做功 $W = 0$，由热力学第一定律有

$$\Delta U = Q + W = Q_V$$

有

$$Q_V = \Delta U \tag{2.5}$$

式（2.5）表明，在等容且不做非体积功的过程中，封闭系统吸收的热量在数值上等于系统内能的增加，放出的热量在数值上等于系统内能的减少。

2. 等压热及焓

在等压且不做非体积功的过程中，体系与环境传递的热称为等压热，用符号 Q_p 表示。此时，体系做功 $W = -p\Delta V$，由热力学第一定律有

$$\Delta U = Q + W = Q_p - p\Delta V$$

$$U_2 - U_1 = Q_p - (p_2V_2 - p_1V_1)$$

移项有

$$(U_2 + p_2V_2) - (U_1 + p_1V_1) = Q_p$$

即

$$\Delta(U + pV) = Q_p$$

为了使用方便，定义

$$H = U + pV \tag{2.6}$$

则

$$\Delta H = Q_p \tag{2.7}$$

我们称 H 为焓，由式（2.6）可知，焓是状态函数，属广度性质，单位为焦耳（J）。焓是一个导出函数，没有明确意义，由于内能的绝对值不可测，故焓的绝对值也不可测。由式（2.7）可知，在等压、不做非膨胀功的过程中，封闭体系的焓变等于等压热效应。Q_p 容易测定，从而可求其他热力学函数的变化值。

2.3.2 热容、摩尔热容

1. 热容、等压热容、等容热容

对于组成不变的均相封闭体系，不考虑非膨胀功，温度每升高 1 K 所需要吸收的热量称为**热容**，用符号 C 表示，单位为 $J \cdot K^{-1}$。根据定义则有

$$C = \frac{\delta Q}{dT} \tag{2.8}$$

对于组成不变的均相封闭体系，不考虑非膨胀功，在等容（等压）情况下温度升高 1K 所吸收的热叫**等容（等压）热容**，用符号 $C_V(C_p)$ 表示。

2. 摩尔热容、摩尔定容热容、摩尔定压热容

1 mol 的物质所具有的热容叫摩尔热容，用符号 C_{m} 表示，单位为 $\mathrm{J\cdot K^{-1}\cdot mol^{-1}}$

$$C_{\mathrm{m}}=\frac{C}{n}=\frac{1}{n}\frac{\delta Q}{\mathrm{d}T} \tag{2.9}$$

对于组成不变的均相封闭体系，不考虑非膨胀功，1 mol 的物质在等容（等压）情况下温度升高 1 K 所吸收的热叫**摩尔定容热容（摩尔定压热容）**，用符号 $C_{V,\mathrm{m}}(C_{p,\mathrm{m}})$ 表示，单位为 $\mathrm{J\cdot K^{-1}\cdot mol^{-1}}$，定义式为

$$C_{V,\mathrm{m}}=\frac{C_V}{n}=\frac{1}{n}\frac{\delta Q_V}{\mathrm{d}T}=\frac{1}{n}\left(\frac{\partial U}{\partial T}\right)_V \tag{2.10}$$

$$C_{p,\mathrm{m}}=\frac{C_p}{n}=\frac{1}{n}\frac{\delta Q_p}{\mathrm{d}T}=\frac{1}{n}\left(\frac{\partial H}{\partial T}\right)_p \tag{2.11}$$

分离变量积分，可分别得到

$$Q_V=\Delta U=n\int_{T_1}^{T_2}C_{V,m}\mathrm{d}T \tag{2.12}$$

$$Q_p=\Delta H=n\int_{T_1}^{T_2}C_{p,m}\mathrm{d}T \tag{2.13}$$

式（2.12）和（2.13）对气体、液体、固体分别在等容、等压条件下单纯发生温度改变时计算 $Q_V,\Delta U$ 及 $Q_p,\Delta H$ 均适用。

3. 热容与温度的关系

热容与温度的函数关系因物质、物态和温度区间的不同而有不同的形式。例如，气体的等压摩尔热容与 T 的关系有如下经验式：

$$C_{p,\mathrm{m}}=a+bT+cT^2+\cdots \tag{2.14}$$

或者是

$$C_{p,\mathrm{m}}=a+bT+c'/T^2+\cdots \tag{2.15}$$

式中 a，b，c，c' ⋯是经验常数，由各种物质本身的特性决定，可从热力学数据表中查找。

4. 理想气体 $C_{p,\mathrm{m}}$ 与 $C_{V,\mathrm{m}}$ 的关系

$$C_{p,\mathrm{m}}-C_{V,\mathrm{m}}=\left(\frac{\partial H_{\mathrm{m}}}{\partial T}\right)_p-\left(\frac{\partial U_{\mathrm{m}}}{\partial T}\right)_V=\left(\frac{\partial U_{\mathrm{m}}}{\partial T}\right)_p+p\left(\frac{\partial V_{\mathrm{m}}}{\partial T}\right)_p-\left(\frac{\partial U_{\mathrm{m}}}{\partial T}\right)_V$$

$$C_{p,\mathrm{m}}-C_{V,\mathrm{m}}=p\left(\frac{\partial V_{\mathrm{m}}}{\partial T}\right)_p=R$$

$$C_{p,\mathrm{m}}-C_{V,\mathrm{m}}=R \tag{2.16}$$

单原子分子理想气体：

$$C_{V,\mathrm{m}}=\frac{3}{2}R,\ C_{p,\mathrm{m}}=\frac{5}{2}R$$

双原子分子理想气体：

$$C_{V,\mathrm{m}}=\frac{5}{2}R\ ,\ \ C_{p,\mathrm{m}}=\frac{7}{2}R$$

2.4 热力学第一定律的应用

2.4.1 理想气体的单纯 p、V、T 变化过程

对于组成不变的理想气体，其内能和焓仅是温度的函数，与体积、压力无关，即

$$U=f(T) \tag{2.17}$$

$$H=f(T) \tag{2.18}$$

所以式（2.17）及式（2.18）适合理想气体任何单纯 p、V、T 变化过程中内能 U 和焓 H 的计算。在通常温度下，若温度变化不大，理想气体的 $C_{p,\mathrm{m}}$ 与 $C_{V,\mathrm{m}}$ 可视为常量，则有

$$\Delta U=n\int_{T_1}^{T_2}C_{V,\mathrm{m}}\mathrm{d}T=nC_{V,\mathrm{m}}(T_2-T_1) \tag{2.19}$$

$$\Delta H=n\int_{T_1}^{T_2}C_{p,\mathrm{m}}\mathrm{d}T=nC_{p,\mathrm{m}}(T_2-T_1) \tag{2.20}$$

1. 等温过程

$$\Delta U=\Delta H=0 \qquad Q=-W$$

（1）等温等外压过程

$$W=-p_{环}\Delta V=p_{环}nRT\left(\frac{1}{p_1}-\frac{1}{p_2}\right) \tag{2.21}$$

（2）可逆过程

$$W=-\int_{V_1}^{V_2}p\mathrm{d}V=-\int_{V_1}^{V_2}\frac{nRT}{V}\mathrm{d}V=nRT\ln\frac{V_1}{V_2}=nRT\ln\frac{p_2}{p_1} \tag{2.22}$$

【例 2.2】1 mol 理想气体，在 25℃从 1 000 kPa 可逆膨胀到 100 kPa，计算该过程的 Q、W、

ΔU和ΔH。

解：根据理想气体的性质，在无化学变化、相变化的恒温过程中

$$\Delta U = 0\ ,\quad \Delta H = 0$$

根据热力学第一定律，则有

$$Q = -W$$

根据式（2.22），得

$$W = nRT\ln\frac{p_2}{p_1} = (1\times 8.314\times 298.15\ln\frac{100}{1000})\ \text{J} = -5707.69\ \text{J}$$

则 $$Q = -W = 5\,707.69\ \text{J}$$

2. 等压过程

$$Q_p = \Delta H = nC_{p,\text{m}}(T_2 - T_1)$$

$$W = -p_{\text{su}}\Delta V = -nR(T_2 - T_1)$$

3. 等容过程

$$Q_V = \Delta U = nC_{V,\text{m}}(T_2 - T_1)$$

$$W = 0$$

【例 2.3】将 2 mol He(g)由 50℃加热到 150℃，若（1）加热时保持体积不变；（2）加热时保持压强不变，分别计算两过程的 Q、W、ΔU 和 ΔH。He(g)可视为理想气体。

解：对于单原子理想气体有 $C_{V,\text{m}} = \frac{3}{2}R$ ，$C_{p,\text{m}} = \frac{5}{2}R$

（1）恒容过程，加热时保持体积不变，则体积功 $W = 0$

$$\Delta U = nC_{V,\text{m}}(T_2 - T_1) = 2\times\frac{3}{2}R\times(423.15 - 323.15) = 2494.2\ (\text{J})$$

$$\Delta H = nC_{p,\text{m}}(T_2 = T_1) = 2\times\frac{5}{2}R\times(423.15 - 323.15) = 4157\ (\text{J})$$

$$Q = \Delta U = 2\,494.2\ (\text{J})$$

（2）恒压过程：

$$\begin{aligned} W &= -p_{环}(V_2 - V_1) = nR(T_2 - T_1) \\ &= 2\times 8.314\times(423.15 - 323.15) \\ &= 1662.8\ (\text{J}) \end{aligned}$$

$$\Delta U = nC_{V,\mathrm{m}}(T_2 - T_1) = 2\times\frac{3}{2}R\times(423.15-323.15) = 2494.2\ (\mathrm{J})$$

$$\Delta H = nC_{p,\mathrm{m}}(T_2 - T_1) = 2\times\frac{5}{2}R\times(423.15-323.15) = 4157\ (\mathrm{J})$$

$$Q = \Delta H = 4157\ (\mathrm{J})$$

【例 2.4】 1 mol 理想气体于 300.15 K、100 kPa 状态下受某恒定外压恒温压缩到平衡，再由该状态恒容升温至 370.15 K，则压强升到 1 000 kPa，求整个过程的 Q、W、ΔU 和 ΔH 。已知该气体的 $C_{V,\mathrm{m}} = 20.92\mathrm{J}\cdot\mathrm{K}^{-1}\cdot\mathrm{mol}^{-1}$ 。

解：题目中的过程可表示如下：

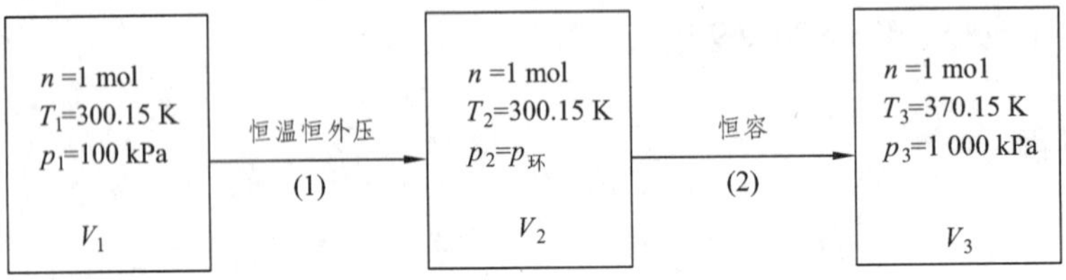

因过程（2）为理想气体恒容升压过程，故有

$$W_2 = 0$$

由理想气体状态方程 $pV = nRT$，可得

$$\frac{p_2}{p_1} = \frac{T_2}{T_3}$$

所以

$$p_{环} = p_2 = p_3\frac{T_2}{T_3}$$

根据状态函数的性质，可得

$$\Delta U = nC_{V,\mathrm{m}}(T_3 - T_1) = 1\times 20.92\times(370.15-300.15) = 1\,464.40\ (\mathrm{J})$$

$$\Delta H = nC_{p,\mathrm{m}}(T_3 - T_1) = 1\times(20.92+8.314)\times(30.15-300.15) = 2\,046.38\ (\mathrm{J})$$

因为热和功为过程量，所以必须依照实际发生的过程分步来求。

$$W = W_1 + W_2 = -p_{环}(V_2 - V_1) + 0 = -nRT_2 + p_3\frac{T_2}{T_3}\frac{nRT}{p_1}$$

$$= -nRT_2(1-\frac{P_3}{P_2}\frac{T_1}{T_3})$$

$$= -1\times 8.314\times 300.15\times(1-\frac{1\,000\times 300.15}{100\times 370.15}) = 17\,739.82\ (\mathrm{J})$$

$$Q = \Delta U - W = 1\,464.40 - 17\,739.82 = -16\,275.42\ (\mathrm{J})$$

4．绝热过程

（1）基本方程：

$$Q=0$$

$$W=\Delta U=nC_{V,\mathrm{m}}(T_2-T_1)$$

（2）过程方程：

$$\mathrm{d}U=nC_{V,\mathrm{m}}\mathrm{d}T=\delta W=-p\mathrm{d}V$$

$$C_{V,\mathrm{m}}\frac{\mathrm{d}T}{T}=-R\frac{\mathrm{d}V}{V}$$

$$C_{V,\mathrm{m}}\ln\frac{p_2}{p_1}=C_{p,\mathrm{m}}\ln\frac{V_1}{V_2}$$

$$pV^{\gamma}=\text{常数}$$

式中：$\gamma=C_{p,\mathrm{m}}/C_{V,\mathrm{m}}$，为理想气体热容比。

【例 2.5】在体积为 10 dm^3 的绝热密封容器中发生一变化，达到终态后容器体积不变但压强减少了 2 026.5 kPa，求该变化过程的 Q、W、ΔU 和 ΔH 。

解：因为过程恒容绝热 $W=0$，$Q=0$

由热力第一定律有 $\Delta U=Q+W=0$

由　　$H=U+pV$，

可得　$\Delta H=\Delta U+\Delta(pV)=\Delta U+V\Delta p=0+10\times10^{-3}\times(-2\,026.5\times10^{3})=-20\,265\ (\mathrm{J})$

2.4.2　相变化过程

1. 相与相变化

相是指体系中物理性质及化学性质完全相同的部分。例如，用暖水瓶盛满 80℃的热水并盖上瓶塞，瓶内任何一部分水的物理性质及化学性质均相同，故为一相。但若瓶内快速倒出一部分水（假设空气未进入）并盖紧瓶塞，此时瓶内的水会蒸发，当达到相平衡时，瓶内有液态的水和气态的水蒸气，虽然两者的化学性质相同，但物理性质不同，故体系中存在的是两相。又如，石墨与金刚石均由碳原子构成，化学性质相同，但两者的结晶构造不同，物理性质不同，故石墨与金刚石是两个不同的相。

系统中物质从一相变为另一相，称为相变化。暖瓶中水变为水蒸气，用石墨制金刚石，均为相变化。化工生产中，体系状态变化时，常常有蒸发、冷凝、熔化、凝固等相变化。

在相平衡温度及相平衡压力下进行的相变为可逆相变，否则为不可逆相变。例如，在 0℃、101. 325 kPa 下水和冰之间的相变，为可逆相变，而在−5℃，101.325 kPa 下的过冷水结冰则为不可逆相变。

2. 相变热与相变焓

相变热是指一定量的物质在恒定的温度及压力下（通常是在相平衡温度、压力下）且没有非体积功时发生相变化的过程中，系统与环境之间传递的热。由于上述相变过程能满足等压且没有非体积功的条件，所以相变热在数值上等于过程的相变焓。

计算各种相变热及体系在相变过程中的内能、焓等状态函数的变化值时，需要用到摩尔相变焓。摩尔相变焓是指 1 mol 纯物质于恒定温度及该温度的平衡压力下发生相变时的焓变，用符号 $\Delta_\alpha^\beta H_m$ 表示（“α”表示相变的始态，“β”表示相变的终态），单位为 $J\cdot mol^{-1}$ 或 $kJ\cdot mol^{-1}$。

相变热、相变焓与摩尔相变焓关系如下

$$Q_p = \Delta_\alpha^\beta H = n\Delta_\alpha^\beta H_m \qquad (2.23)$$

某些物质在一定条件下的摩尔相变焓的实测数据可以从化学、化工手册查到。在使用这些数据时要注意条件（温度、压力）及单位。此外，如果所求的相变过程为手册上所给的相变过程的逆过程，则在同样的温度、压力下，二者的相变焓数值相等，符号相反。

【例 2.6】1 mol 水在 10℃和 101.35 kPa 下完全蒸发为水蒸气，计算该过程的 Q、W、ΔU 和 ΔH。已知 100℃和 101.325 kPa 下，水和水蒸气的密度分别为 958.8 $kg\cdot m^{-3}$ 和 0.586 3 $kg\cdot m^{-3}$，水的摩尔蒸发焓为 40.64 $kJ\cdot m^{-3}$。

解：该蒸发过程是在恒温恒压条件下进行的，则有

$$W = -p_{环}(V_2 - V_1) = -p_{环}Mn\left(\frac{1}{\rho_{水蒸气}} - \frac{1}{\rho_{水}}\right)$$

$$= -101.325\times 18.02\times 10^{-3}\times 1.00\times\left(\frac{1}{0.5863} - \frac{1}{0.958}\right) = 3.11\text{（kJ）}$$

$$Q = 40.64\times 1.00 = 40.64\text{（kJ）}$$

$$\Delta U = Q + W = 40.64 - 3.11 = 37.53\text{（kJ）}$$

$$\Delta H = Q_p = 40.64\text{（kJ）}$$

【例 2.7】试求在 25℃、101.325 kPa 下 3 mol 水蒸气完全冷凝为同温同压下水时的 Q、W、ΔU 和 ΔH。已知 $H_2O(l)$ 和 $H_2O(g)$ 的 $\bar{C}_{p,m}$ 分别为 75.38 $J\cdot K^{-1}\cdot mol^{-1}$ 和 33.6 $J\cdot K^{-1}\cdot mol^{-1}$，水在正常沸点 373.15 K 下的 $\Delta_{vap}H_m$ = 40.64 $kJ\cdot mol^{-1}$。

解：该系统的始、终态及过程特性如下：

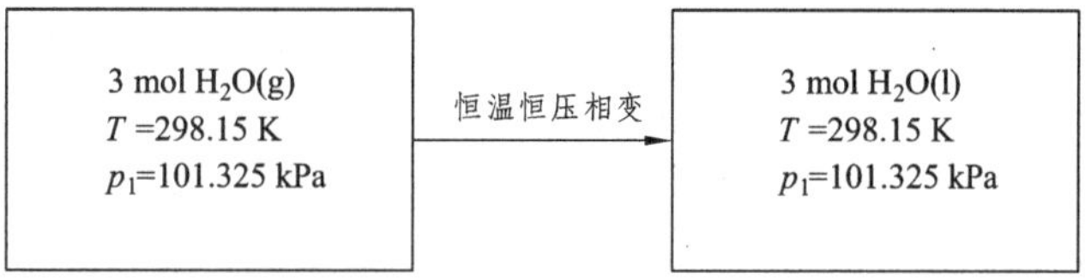

根据 $\Delta_\alpha^\beta H_m(T_2) = \Delta_\alpha^\beta H_m(T_1) + \Delta C_{p,m}(T_1 - T_2)$，得

$$\Delta_{vap} H_m(298.15\ K) = \Delta_{vap} H_m(373.15\ K) + \Delta C_{p,m}(298.15 - 373.15)$$

$$= 40.64 + (33.6 - 75.38) \times 10^{-3} \times (298.15 - 373.15)$$

$$= 43.77\ (kJ \cdot mol^{-1})$$

由于欲求相变过程为冷凝过程，所以

$$\Delta_g^l H_m = -\Delta_{vap} H_m$$

$$Q_p = \Delta H = n(\Delta_{vap} H_m) = 3 \times (-43.77) = -131.31\text{（kJ）}$$

$$W = -p_{环}(V_1 - V_n) \approx pV_g = n_g RT = (3 \times 8.314 \times 298.15) = 7.44\text{（kJ）}$$

$$\Delta U = Q + W = -131.31 + 7.44 = -123.87\text{（kJ）}$$

2.4.3 化学变化过程

1. 化学反应热效应的计算

（1）标准状态。

化学反应体系一般是混合物，为了使同一物质的某一热力学函数（如内能、焓等）在不同反应体系中数值一致，化学热力学规定了一个公共的参考状态——物质的**标准状态**，简称**标准态**。其具体规定如表 2.1 所示，标准压强 $p^\ominus = 100$ kPa，右上标“$\ominus$”为标准状态的符号。

表 2.1　热力学对物质的标准状态的规定

物　质	标准态
气体	标准压力（$p^\ominus = 100$ kPa）下纯气体的状态
固体、液体	标准压力（$p^\ominus$）下的纯液体纯固体的状态
溶液中溶质	标准压力（$p^\ominus$）下标准质量摩尔浓度为 1 $mol \cdot kg^{-1}$ 常近似为 1 $mol \cdot L^{-1}$ 时的状态

可见，物质的标准态并未规定温度。但通常查表或附录所得的热力学标准态的数据大多是常温即 $T = 298.15$ K 时的数据。

（2）标准摩尔生成焓。

在标准态下，由最稳定的纯态单质生成单位物质的量的某物质焓变（即恒压反应热）为该物质的标准摩尔生成焓。标准摩尔生成焓用符号 $\Delta_f H_m^\ominus$ 表示，上标“⊖”表示标准态，下标“f”（formation 的词头）表示生成反应。$\Delta_f H_m^\ominus$ 的单位为 $J \cdot mol^{-1}$ 或 $kJ \cdot mol^{-1}$。物质在 298.15 K 的标准摩尔生成焓数据可通过查表或化工手册得到。

一种元素若有几种同素异性体，如在标准态下，碳就有石墨、金刚石等多种单质，其中石墨是最稳定的。根据标准摩尔生成焓的定义，最稳定单质的标准摩尔生成焓为零，这样 $\Delta_f H_m^\ominus$（石墨）= 0。而金刚石的 $\Delta_f H_m^\ominus$ 的标准摩尔生成焓则可通过 298.15 K, C（石墨）$\xrightarrow{\text{标准态下，298.15 K}}$ C（金刚石）的标准摩尔反应焓来求。

（3）标准摩尔反应焓变及其计算。

对于任一化学反应：

$$cC(g) + dD(s) = yY(g) + zZ(s)$$

若任一物质均处于温度 T 的标准态下且按化学计量方程式完成了 1 mol 的反应时，反应系统的变化值称为该反应的标准摩尔反应焓，用符号 $\Delta_r H_m^\ominus(T)$ 表示，单位为 $J \cdot mol^{-1}$ 或 $kJ \cdot mol^{-1}$，下标“r”（reaction 的词头）表示化学反应。化学反应物的标准摩尔反应焓变等于生成物的标准摩尔生成焓的总和减去反应物的标准摩尔生成焓的总和，即

$$\begin{aligned}\Delta_r H_m^\ominus &= [y\Delta_f H_m^\ominus(Y, g, T) + z\Delta_f H_m^\ominus(Z, s, T)] \\ &\quad -[c\Delta_f H_m^\ominus(C, g, T) + d\Delta_f H_m^\ominus(D, s, T)] \\ &= \sum_B \nu_B \Delta_f H_m^\ominus(B, \beta, 298\ K)\end{aligned} \qquad (2.24)$$

① 由标准摩尔生成焓 $\Delta_f H_m^\ominus(T)$ 求标准摩尔反应焓 $\Delta_r H_m^\ominus(T)$。

当查到有关物质的标准摩尔生成焓的数据后，应用式（2.24）可计算出反应的标准摩尔反应焓变。

【例 2.8】 计算恒压反应 $2Al(s) + Fe_2O_3(s) \longrightarrow Al_2O_3 + 2Fe(s)$ 的标准摩尔反应焓变，并判断此反应是吸热还是放热。

解： 由附录 B 查得：$2Al(s)+Fe_2O_3(s) \xrightarrow{\Delta_r H_m^\ominus} Al_2O_3+2Fe(s)$

$\Delta_f H_m^\ominus/(kJ \cdot mol^{-1})$ 0 −824.2 −1675.7 0

$$\begin{aligned}\Delta_r H_m^\ominus &= [\Delta_f H_m^\ominus(Al_2O_3, s)+2\Delta_f H_m^\ominus(Fe, s)]-[2\Delta_f H_m^\ominus(Al, s)+\Delta_f H_m^\ominus(Fe_2O_3, s)] \\ &= [(-1675.7)+2\times0]\ kJ \cdot mol^{-1}-[2\times0+(-824.2)]\ kJ \cdot mol^{-1} \\ &= -851.5\ kJ \cdot mol^{-1}\end{aligned}$$

通过计算得知，$\Delta_r H_m^\ominus = -851.5\ kJ \cdot mol^{-1} < 0$，可判断此反应为放热反应。铝热法正是利用此反应放出的热量熔化和焊接铁件的。

② 由标准摩尔燃烧焓 $\Delta_c H_m^\ominus(T)$ 求标准摩尔反应焓 $\Delta_r H_m^\ominus(T)$。

在温度 T 下，参与反应的各物质均处于标准态时，1 mol 物质 B 在纯氧中完全氧化成相同

温度下指定产物时的标准摩尔反应焓，称为该物质在温度 T 下的标准摩尔燃烧焓，以符号 $\Delta_c H_m^\ominus$（B，相态，T）表示，下标“c”表示燃烧，单位为 $J \cdot mol^{-1}$ 或 $kJ \cdot mol^{-1}$。

定义中 C、H、N、S、Cl 完全氧化的指定产物通常是指 $CO_2(g)$、$H_2O(\ )$、$N_2(g)$、$SO_2(g)$、HCl（水溶液），这些指定产物的 $\Delta_c H_m^\ominus = 0$。需要注意，不同手册所指定的氧化产物可能不同，利用标准摩尔燃烧焓数据时，应先查看氧化的产物是什么物质。

对于任一化学反应

$$cC(g)+dD(s) = yY(g)+zZ(s)$$

在温度 T 下任一反应的标准摩尔反应焓等于反应物的标准摩尔燃烧焓之和减去产物的标准摩尔燃烧焓之和。即

$$\begin{aligned}\Delta_r H_m^\ominus &= [c\Delta_c H_m^\ominus(C, g, T)+d\Delta_c H_m^\ominus(D, s, T)]-[y\Delta_c H_m^\ominus(Y, g, T)+z\Delta_c H_m^\ominus(Z, s, T)] \\ &= -\sum_B \nu_B \Delta_c H_m^\ominus(B, \beta, 298K)\end{aligned} \quad (2.25)$$

【例 2.9】已知 298.15 K 时，气相丙烯加氢反应

$$C_3H_6(g)+H_2(g) \longrightarrow C_3H_8(g)$$

的 $\Delta_r H_m^\ominus = -123.85\ kJ \cdot mol^{-1}$，C 与丙烷 $C_3H_8(g)$ 的标准摩尔燃烧焓 $\Delta_c H_m^\ominus$ 分别为 $-393.5\ kJ \cdot mol^{-1}$ 和 $-2\ 219.22\ kJ \cdot mol^{-1}$，水的标准摩尔生成焓 $\Delta_r H_m^\ominus(H_2O, 1)$ 为 $-285.8\ kJ \cdot mol^{-1}$，试求该温度下丙烯的 $\Delta_c H_m^\ominus(C_3H_6, g)$。

解：

$$\begin{aligned}\Delta_r H_m^\ominus &= -\sum_B \nu_B \Delta_c H_m^\ominus(B, \beta) \\ &= \Delta_c H_m^\ominus(C_3H_6, g)+\Delta_c H_m^\ominus(H_2, g)-\Delta_c H_m^\ominus(C_3H_8, g) \\ &= \Delta_c H_m^\ominus(C_3H_6, g)+\Delta_f H_m^\ominus(H_2O, l)-\Delta_c H_m^\ominus(C_3H_8, g)\end{aligned}$$

$$\begin{aligned}\Delta_c H_m^\ominus(C_3H_6, g) &= \Delta_r H_m^\ominus - \Delta_f H_m^\ominus(H_2O, l)+\Delta_c H_m^\ominus(C_3H_8, g) \\ &= -123.85-(-285.8)+(-2\ 219.22) \\ &= -2\ 057.27\ (kJ \cdot mol^{-1})\end{aligned}$$

③ 利用盖斯定律求算 $\Delta_r H_m^\ominus(T)$。

盖斯定律是在大量实验基础上总结出来的规律，其内容如下：一个化学反应，不论是一步完成或经数步完成，其反应的热效应总是相同的，也称为反应热总值守恒定律。它是热力学第一定律在化学反应中的应用。

根据盖斯定律，对热化学方程式可以像普通代数方程式进行加减乘除和移项等运算处理，利用易于测定的反应热去计算难于测定的反应热。

【例 2.10】已知 298.15 K 时，

（1）$C(石墨)+O_2(g) = CO_2(g)$，$\Delta_r H_m^\ominus = -393.5\ kJ \cdot mol^{-1}$

（2）$2CO+O_2(g) = 2CO_2(g)$，$\Delta_r H_m^\ominus = -567.66\ kJ \cdot mol^{-1}$

求反应(3) $2C(石墨)+O_2(g) = 2CO(g)$ 的标准摩尔反应焓 $\Delta_r H_m^\ominus$。

解：反应(3)= 反应(1)×2–反应(2)，根据盖斯定律有

$$\begin{aligned}\Delta_r H_{m,3}^\ominus &= 2\Delta_r H_{m,1}^\ominus - \Delta_r H_{m,2}^\ominus \\ &= 2\times -393.5-(-567.66)=-219.34(\text{kJ}\cdot\text{mol}^{-1})\end{aligned}$$

2. 等压热效应与等容热效应

由于封闭系统中恒压热等于焓变，所以化学反应的恒压热效应（反应热）可用 $\Delta_r H_m$ 表示；恒容热等于内能变，所以恒容热效应（反应热）可用 $\Delta_r U_m$ 表示。

在恒温恒压且不做非体积功的条件下，化学反应有

$$\Delta_r H_m = \Delta_r U_m + p\Delta_r V_m \tag{2.26}$$

式中　$\Delta_r V_m$ 为恒温恒压下反应系统体积的变化量。

对于无气体参加和生成的反应，因为反应过程中体系体积变化很小，$p\Delta_r V_m$ 可以忽略不计，有

$$\Delta_r H_m \approx \Delta_r U_m \tag{2.27}$$

对于有气体参加和生成的反应，由于气体的体积比固体和液体大得多，所以 $p\Delta_r V_m$ 可看作是反应过程中气体体积的变化量。将气体视为理想气体，则有

$$\Delta_r H_m = \Delta_r U_m + RT\sum_B v_B(g) \tag{2.28}$$

式中　$\sum_B v_B(g)$ 为化学反应方程式中气体物质的化学计算系数之和。

3. 基尔霍夫公式

由于附录及手册中所给出的是温度为 298.15 K 时 $\Delta_f H_m^\ominus$ 的数据，利用式（2.24）只能求出 $\Delta_r H_m^\ominus(298.15\text{ K})$。但实际化工制药生产中常会在其他温度下进行，这时就需要利用基尔霍夫公式来计算，如已知反应在某温度 T_1 时的 $\Delta_r H_m^\ominus(T_1)$ 可以求出任意温度下反应 $\Delta_r H_m^\ominus(T_2)$。

$$\Delta_r H_m^\ominus(T_2) = \Delta_r H_m^\ominus(T_1) + \int_{T_1}^{T_2}\sum v_B C_{p,m}^\ominus(B)\,dT \tag{2.29}$$

式中　$\Delta_r H_m^\ominus(T_2)$——恒定温度 T_2 时标准状态下的摩尔反应焓，$J\cdot mol^{-1}$；

$C_{p,m}^\ominus(B)$——反应组分 B 的摩尔定压热容，$J\cdot K^{-1}\cdot mol^{-1}$；

v_B——反应组分的化学计量系数，无量纲。

【例 2.11】已知反应 $CO(g)+2H_2(g) \rightleftharpoons CH_3OH(g)$，分别在 298 K 和 400 K 恒温恒压（100 kPa）下进行，试求上述两过程的 Q、W、$\Delta_r U_m$ 和 $\Delta_r H_m$。已知数据如下：

	CO(g)	H_2(g)	CH_3OH(g)
$\Delta_r H_m^{\ominus}(298\ K)\ (kJ\cdot mol^{-1})$	−110.5	0	−201.0
$\bar{C}_{p,m}(J\cdot K^{-1}\cdot mol^{-1})$	29.1	28.8	44.1

解：（1）298 K、100 kPa 下的恒温恒压反应：

$$Q_1 = \Delta_r H_m^{\ominus}(298\ K) = \sum_B v_B \Delta_f H_m^{\ominus}(B, \beta, 298\ K)$$

$$= \Delta_f H_m^{\ominus}(CH_3OH, g) - \Delta_f H_m^{\ominus}(CO, g) - 2\Delta_f H_m^{\ominus}(H_2, g)$$

$$= (-201.0) - (-110.5) - 2\times 0 = -90.5\ (kJ\cdot mol^{-1})$$

根据

$$\Delta_r H_m = \Delta_r U_m + RT\sum_B v_B(g)$$

得

$$\Delta_r U_m^{\ominus}(298\ K) = \Delta_r H_m^{\ominus}(298\ K) - RT\sum_B v_B(g)$$

$$= -90.5 - 8.314\times 298\times(1-1-2)\times 10^{-3}$$

$$= -85.5\ (kJ\cdot mol^{-1})$$

$$W_1 = \Delta U_1 - Q_1 = -85.5 - (-90.5) = 5.0\ (kJ\cdot mol^{-1})$$

（2）400 K、100 kPa 下的恒温恒压反应：

$$\Delta_r \bar{C}_{p,m} = \sum_B v_B \bar{C}_{p,m} = \bar{C}_{p,m}(CH_3OH, g) - \bar{C}_{p,m}(CO, g) - 2\bar{C}_{p,m}(H_2, g)$$

$$= 44.1 - 29.1 - 2\times 28.8 = -42.6\ (J\cdot K^{-1}\cdot mol^{-1})$$

由基尔霍夫公式可知

$$\Delta_r H_m^{\ominus}(400\ K) = \Delta_r H_m^{\ominus}(298\ K) - \Delta_r \bar{C}_{p,m}(400\ K - 298\ K)$$

$$= -90.5 + (-42.6)\times 10^{-3}\times(400-298) = -94.8\ (kJ\cdot mol^{-1})$$

所以

$$\Delta_r U_m^{\ominus}(400\ K) = \Delta_r H_m^{\ominus}(400\ K) - RT\sum_B v_B(g)$$

$$= -94.8 - 8.314\times 400\times(1-1-2)\times 10^{-3}$$

$$= 88.1\ (kJ\cdot mol^{-1})$$

$$Q_2 = \Delta_r H_m^{\ominus}(400\ K) = -94.8\ kJ\cdot mol^{-1}$$

$$W_2 = \Delta U_2 - Q_2 = -88.1 - (-94.8) = 6.7\ (kJ\cdot mol^{-1})$$

习 题

一、判断题

1. 热量是由于温差而传递的能量，它总是倾向于从含热量较多的高温物体流向含热量较少的低温物体。

2. 恒容条件下，一定量的理想气体，温度升高时，内能将增加。

3. 理想气体向真空膨胀，体积增加一倍，则 $W = nRT\ln(V_2/V_1) = nRT\ln 2$。

4. 理想气体向真空绝热膨胀，$\Delta U = 0$、$\Delta T = 0$。

5. 高温下氧气的摩尔等压热容 $C_{p,\mathrm{m}}$ 为 $3.5R$。

6. 反应 $N_2(g) + O_2(g) \Longrightarrow 2NO(g)$的热效应为 $\Delta_r H_m$，这就是 $N_2(g)$的燃烧热，也是 NO(g)生成热的 2 倍。

7. 热力学第一定律的数学表达式 $\Delta U = Q + W$ 只适用于封闭系统和隔离系统。

8. 封闭系统和环境间没有温度差就无热传递。

9. 液体在等温蒸发过程中的内能变化为零。

10. 不同物质在相同温度下都处于标准状态时，它们的同一热力学函数值（如 U、H、G、S 等）都应相同。

二、单选题

1. 凡是在隔离孤体系中进行的变化，其 ΔU 和 ΔH 的值一定是（　　）。

A. $\Delta U > 0$，$\Delta H > 0$　　B. $\Delta U = 0$，$\Delta H = 0$

C. $\Delta U < 0$，$\Delta H < 0$　　D. $\Delta U = 0$，ΔH 大于、小于或等于零不能确定。

2. $\Delta H = Q_p$ 此式适用于哪一个过程？（　　）

A. 理想气体从 101 325 Pa 反抗恒定的 10 132.5 Pa 膨胀到 10 132.5 Pa

B. 在 0℃、101 325 Pa 下，冰融化成水

C. 电解 $CuSO_4$ 的水溶液

D.气体从（298 K，101 325 Pa）可逆变化到（373 K，10 132.5 Pa）

3. 一定量的理想气体，从同一初态分别经历等温可逆膨胀、绝热可逆膨胀到具有相同压力的终态，终态体积分别为 V_1、V_2。（　　）

A. $V_1 < V_2$　　B. $V_1 = V_2$　　C. $V_1 > V_2$　　D. 无法确定

4. 某化学反应在恒压、绝热和只作体积功的条件下进行，体系温度由 T_1 升高到 T_2，则此过程的焓变 ΔH（　　）

A. 小于零　　B. 大于零　　C. 等于零　　D. 不能确定

5. 封闭体系中，有一个状态函数保持恒定的变化途径是什么途径？（　　）

A. 一定是可逆途径　　B. 一定是不可逆途径

C. 不一定是可逆途径　　D. 体系没有产生变化

6. 理想气体在恒定外压 p 下从 10 dm^3 膨胀到 16 dm^3，同时吸热 126 J。计算此气体的 ΔU。（　　）

A. –284 J　　B. 842 J　　C. –482 J　　D. 482 J

7. 在体系温度恒定的变化过程中，体系与环境之间（　　）。

A. 一定产生热交换　　B. 一定不产生热交换

C. 不一定产生热交换　　D. 温度恒定与热交换无关

8. 某绝热封闭体系在接受了环境所做的功后，其温度：（　　）

A. 一定升高　　B. 一定降低　　C. 一定不变　　D. 不一定改变

9. 体系的状态改变了，其内能值（　　）。

A. 必定改变　　B. 必定不变　　C. 不一定改变　　D. 状态与内能无关

10. 在一定 T、p 下，气化焓 $\Delta_{vap}H$，熔化焓 $\Delta_{fus}H$ 和升华焓 $\Delta_{sub}H$ 的关系：（　　）

A. $\Delta_{sub}H > \Delta_{vap}H$　　B. $\Delta_{sub}H > \Delta_{fus}H$

C. $\Delta_{sub}H = \Delta_{vap}H + \Delta_{fus}H$　　D. $\Delta_{vap}H > \Delta_{sub}H$

三、计算题

1. 将 100℃、101 325 Pa 的 1 g 水在恒压（0.5×101 325 Pa）下恒温气化为水蒸气，然后将此水蒸气慢慢加压（近似看作可逆）变为 100℃，101 325 Pa 的水蒸气，求此过程的 Q、W 和该体系的 ΔU 和 ΔH。（100℃、101 325 Pa 下水的气化热为 2 259.4 J · g^{-1}）

2. 已知 298 K 时 $CH_4(g)$、$CO_2(g)$、$H_2O(l)$的标准生成热分别为–74.8，–393.5，–285.8 kJ · mol^{-1}，求算 298K 时 $CH_4(g)$的燃烧热。

3. 用量热计测得乙醇（l）、乙酸（l）和乙酸乙酯（l）的标准恒容摩尔燃烧热 ΔU_m(298 K)分别为–1 364.27，–871.50 和–2 251.73 kJ · mol^{-1}，计算 298 K 下乙醇酯化反应的 $\Delta_r H_m$。

4. 0.5 mol 氮气（理想气体），经过下列三步可逆变化回复到原态：（1）从 $2p$，5dm^3 在恒温 T_1 下压缩至 1 dm^3；（2）恒压可逆膨胀至 5 dm^3，同时温度由 T_1 变至 T_2；（3）恒容下冷却至始态 T_1、$2p$、5 dm^3。求（1）T_1、T_2；（2）经此循环的 $\Delta U_{总}$、$\Delta H_{总}$、$Q_{总}$、$W_{总}$。

5. 在一定压强 p 和温度 298.2 K 的条件下，1 mol C_2H_5OH（l）完全燃烧时所做的功是多少？设体系中气体服从理想气体行为。

3 第三章　热力学第二定律

学习要求

（1）理解自发过程及热力学第二定律的不同表述。
（2）掌握熵的概念及物理意义，克劳修斯不等式和熵增加原理及熵判据。
（3）掌握熵变及吉布斯自由能变的计算。
（4）掌握亥姆霍兹自由能及吉布斯自由能的概念及其判据的应用。
（5）理解热力学第三定律、标准摩尔熵及热力学基本方程。

3.1 自发过程与热力学第二定律

经验表明，自然界中绝不可能发生违背热力学第一定律的过程。但是否不违背热力学第一定律的过程都能发生呢？例如，热由低温物体流向高温物体也不违背热力学第一定律，但实际上，热总是自动地由高温物体流向低温体。显然，热力学第一定律不能判断过程进行的方向，也不能判断一个过程将进行到什么程度。热力学第二定律则可以解决过程进行的方向和限度问题。

3.1.1 自发过程

自然界中任何自发变化过程都是有方向的，例如：水从高处自动流向低处，直到水位差等于零时为止，此时达到了力平衡；热从高温物体自动地向低温物体传递，直到温度差等于零时为止，达到热平衡；不同浓度的溶液混合时，溶质会自动地从高浓度的地方向低浓度的地方扩散，直到体系各部分浓度相同为止，达到物质平衡。这种在一定条件下不需要任何外界做功，一经引发就能自动进行的过程，称为**自发过程**。自发过程有以下基本特征。

（1）单向性。例如，水只能从高处自动流向低处，而不会自发从低处向高处流。同理，锌能自发置换出硫酸铜中的铜，而铜不能置换出硫酸锌中的锌。

（2）具有做非体积功的本领。如水力发电、风能发电、原电池释放电能等。

（3）具有一定的限度。当达到热力学平衡时，自发过程即终止。例如，水的流动，达到热平衡时，会停止。热的传递，最终以达到热平衡而终止。

显然，自发过程为热力学不可逆过程。若自发过程为化学反应，则称为**自发反应**。例如，锌粒投入到过量的硫酸铜溶液中会自动地发生置换反应。判断一个化学反应能否自发，对于化学研究和化工制药生产具有极其重要的意义。因为，如果事先知道一个反应根本不可能发生，人们就不必再花精力去研究它。

3.1.2 热力学第二定律

为了说明自然界中变化过程的方向，人们总结出了热力学第二定律，其最常见的三种表述如下：

克劳修斯说法："不可能把热从低温物体传到高温物体，而不引起其他变化。"

开尔文说法："不可能从单一热源取出热使之完全变为功，而不发生其他的变化。"

奥斯特瓦德表述为："第二类永动机是不可能造成的。"第二类永动机是指从单一热源吸热使之完全变为功而不留下任何影响的机器。

尽管这三种表述不一样，但实质是一样的，都反映了过程的单向性，即不可逆性这一自然界人类赖以生存的普遍规律。

3.2 熵

热力学第二定律为我们判断过程的方向性提供了理论基础，但其文字表述形式使用起来非常不方便。为此，科学家们由热力学第二定律推导出了若干个新的状态函数，并将其作为判断过程方向和限度的依据。

3.2.1 熵的概念及物理意义

1. 熵的概念

当体系的始、终态一定时，任意可逆过程的热温商相等，与所经历的途径无关。显然，这是状态函数的性质，克劳修斯将其定义为熵，用符号 S 表示，单位为 $\mathrm{J \cdot K^{-1}}$，并令：

$$\Delta S = \int_{A}^{B} \left(\frac{\delta Q}{T} \right)_{r} \tag{3.1}$$

式（3.1）中 ΔS 表示体系从始态 A 到终态 B 的熵变，δQ 为体系的可逆热，T 为可逆热为 δQ 时体系的温度，下标 r 表示可逆过程。

对于任何微小变化过程，有

$$\mathrm{d}S = \left(\frac{\delta Q}{T} \right)_{r} \tag{3.2}$$

和热力学能一样，熵也是热力学基本状态函数之一，是体系客观存在的一个宏观性质，属于广度性质，具有加和性。

2. 熵的物理意义

热力学所研究的体系是由大量微观粒子组成的宏观体系。系统的宏观性质，如温度、内能都是大量粒子微观性质的综合体现。

应用统计力学的方法，研究表明，熵值与体系混乱度之间存在密切关系。体系的混乱度越大，熵值越大。自然界发生的一切自发过程总的结果都是朝着混乱度增大的方向进行，这就是热力学第二定律的本质，而熵作为混乱度量度的热力学函数，正反映了这种本质。

3.2.2 克劳修斯不等式及熵判据

1. 克劳修斯不等式

克劳修斯不等式的数学表达式如下：

$$\mathrm{d}S \geqslant \Sigma \frac{\delta Q}{T} \begin{pmatrix} > \text{不可逆} \\ = \text{可逆} \end{pmatrix} \tag{3.3}$$

或

$$\Delta S \geqslant \int_{A}^{B} \frac{\delta Q}{T} \begin{pmatrix} > \text{不可逆} \\ = \text{可逆} \end{pmatrix} \tag{3.4}$$

该式表明，封闭体系自始态 A 经历一个变化过程到终态 B，若该过程的熵变等于该过程的热温商之和，则该过程为可逆过程；若该过程的熵变大于该过程的热温商之和，则该过程为不可逆过程。所以，只要求出了一个过程的熵变与热温商之和，通过比较两者的大小关系，就可以判断该过程是否可逆或是否按指定方向进行。因此，克劳修斯不等式也被认为是热力学第二定律的数学表达式。

2. 熵判据

对于隔离体系中发生的变化过程，由于隔离体系与环境之间无物质和能量交换，即 $\delta Q=0$ 。代入式（3.4）中，有

$$\Delta S_{隔离} \geqslant 0 \begin{pmatrix} >不可逆，自发过程 \\ =可逆，平衡 \end{pmatrix} \tag{3.5}$$

式（3.5）能作为对过程的方向与限度进行判断的依据，称为熵判据。因为对于隔离体系而言，外界无法进行任何干扰，在隔离系统中发生的不可逆过程一定是自发过程，这样就能判断过程的方向；在隔离系统中发生的可逆过程一定是达到平衡，这样就能判断过程的限度。该式表明：在隔离体系中一切可能自发进行的过程必定是向着熵增大的方向进行的，直到体系的熵达到最大，即系统达到平衡为止。隔离体系绝不可能发生熵减少的过程，这就是熵增加原理。

熵判据在使用时有一定的局限性，因为真正的隔离体系是不存在的，为了研究问题方便，常把体系及其与之相关的环境一起看作是一个大的隔离体系，则有

$$\Delta S_{隔离} = \Delta S_{体系} + \Delta S_{环境} \tag{3.6}$$

式（3.6）把环境的热容视为很大，环境与体系交换的热不足以引起其温度的变化，无论体系发生的过程是否可逆，体系与环境之间的热交换都可看作是可逆的，所以环境的熵变为

$$\Delta S_{环} = -\frac{Q}{T_{环}} \tag{3.7}$$

式中　Q——体系与环境交换的热，J 或 kJ；

　　$T_{环}$——环境的温度，K。

3.2.3　熵变的计算及熵判据的应用

对于可逆过程的熵变 ΔS ，可以直接利用式（3.1）进行计算；对于不可逆过程的熵变，则可以在始态 A 到终态 B 的之间设计一个可逆过程，根据状态函数的性质，熵变与途径无关，便可求出熵变。

1. 单纯 pVT 变化过程

（1）等压变温过程。

$$\Delta S = \int_{A}^{B} \left(\frac{\delta Q}{T}\right)_{r} = \int_{T_1}^{T_2} \frac{dH}{T} = \int_{T_1}^{T_2} nC_{p,m}\frac{dT}{T} \tag{3.8}$$

当 $C_{p,m}$ 为常数时，有

$$\Delta S = nC_{p,\mathrm{m}}\ln\frac{T_2}{T_1} \tag{3.9}$$

【例 3.1】2 mol $H_2(g)$于恒压 101.325 kPa 下向 300 K 的大气散热，由 500 K 降温至平衡。已知 $H_2(g)$的 $C_{p,\mathrm{m}} = 29.1\ \mathrm{J \cdot K^{-1}}$，求此过程中 $H_2(g)$的 ΔS 。

解：系统的始、终状态如下：

$$\Delta S = nC_{p,\mathrm{m}}\ln\frac{T_2}{T_1} = 2\times 29.1\times\ln\frac{300}{500} = -29.73\ (\mathrm{J \cdot K^{-1}})$$

（2）等容变温过程。

$$\Delta S_V = \int_{\mathrm{A}}^{\mathrm{B}}\left(\frac{\delta Q}{T}\right)_{\mathrm{r}} = \int_{T_1}^{T_2}\frac{\mathrm{d}U}{T} = \int_{T_1}^{T_2} nC_{V,\mathrm{m}}\frac{\mathrm{d}T}{T} \tag{3.10}$$

当 $C_{V,\mathrm{m}}$ 为常数时，有

$$\Delta S = nC_{V,\mathrm{m}}\ln\frac{T_2}{T_1} \tag{3.11}$$

（3）等温过程。

① 理想气体等温过程。

由式（3.1）有

$$\Delta S_T = \int_{\mathrm{A}}^{\mathrm{B}}\left(\frac{\delta Q}{T}\right)_{\mathrm{r}} = \left(\frac{Q}{T}\right)_{\mathrm{r}} \tag{3.12}$$

对于理想气体等温可逆过程，$Q = \Delta U - W = 0 - W = -W = nRT\ln\frac{V_2}{V_1} = nRT\ln\frac{p_1}{p_2}$，有

$$\Delta S_T = nR\ln\frac{V_2}{V_1} = nR\ln\frac{p_1}{p_2} \tag{3.13}$$

因为熵是状态函数，只要始、终态相同，理想气体等温不可逆过程 ΔS_T 与可逆过程相等，因此，式（3.13）适用于理想气体等温可逆过程及理想气体等温不可逆过程。

② 液体及固体的等温变化过程。

温度一定时，当 p、V 变化不大时，液体及固体的熵变很小，可以忽略不计，即 $\Delta S \approx 0$ 。

【例 3.2】2 mol 理想气体 $N_2(g)$由 300 K、10×10^5 Pa 分别经下列过程膨胀到 300 K、2×10^5 Pa；① 等温可逆膨胀。② 自由膨胀。计算这两个过程的 ΔS 并判断这两个过程是否可逆。

解：根据题意，将系统的始、终状态及具体过程如下：

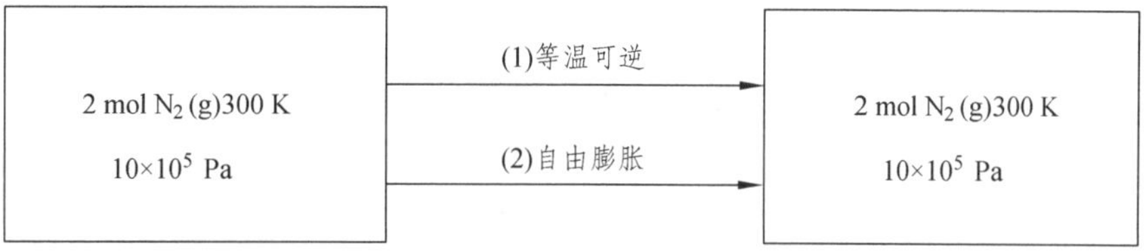

① 等温可逆过程，利用式（3.13）结合题给的具体条件进行计算

$$\Delta S_1 = nR\ln\frac{p_1}{p_2} = 2\times 8.314\times\ln\frac{10\times10^5}{2\times10^5} = 26.76(\mathrm{J\cdot K^{-1}})$$

在① 过程中，由于系统与环境之间有功和热的交换，是非隔离系统，所以不能只根据该系统的熵变来判断过程是否可逆。需要将该体系与环境看作一个大的隔离体系。利用式（3.7）求出环境的熵变。

$$\Delta S_{环} = -\frac{Q}{T_{环}} = -\frac{nRT\ln\dfrac{p_1}{p_2}}{T} = -\Delta S_1$$

$$\Delta S = \Delta S_1 + \Delta S_{环} = 0$$

所以①为可逆过程。

② 自由膨胀外压等于 0，是一个不可逆过程，不能用过程的热温商计算熵变。由于始、终状态与①过程相同，故

$$\Delta S_2 = \Delta S_1 = 26.76\,(\mathrm{J\cdot K^{-1}})$$

在② 过程中，由于理想气体自由膨胀时，$W=0$，$Q=0$，可以看作是隔离系统，又因该过程的 $\Delta S>0$，因此该过程可以自发进行，为不可连过程。

（4）理想气体 pVT 同时改变的过程。

应根据实际条件设计成等温、等压、等容三个过程任意两个过程的组合，求出整个过程的 ΔS 。若理想气体的 $C_{V,\mathrm{m}}$ 、 $C_{p,\mathrm{m}}$ 为常数时：

① 若等容过程与等温过程组合，则

$$\Delta S = nC_{V,\mathrm{m}}\ln\frac{T_2}{T_1} + nR\ln\frac{V_2}{V_1} \tag{3.14}$$

② 若等压过程与等温过程组合，则

$$\Delta S = nC_{p,\mathrm{m}}\ln\frac{T_2}{T_1} + nR\ln\frac{p_2}{p_1} \tag{3.15}$$

③ 若等压过程与等容过程组合，则

$$\Delta S = nC_{p,\mathrm{m}}\ln\frac{T_2}{T_1} + nC_{V,\mathrm{m}}\ln\frac{T_2}{T_1} \tag{3.16}$$

（5）绝热过程。

① 绝热可逆过程（又称为恒熵过程）。

$$\Delta S = 0 \tag{3.17}$$

② 绝热不可逆过程，$Q=0$，热温商也为 0，$\Delta S>0$，要计算 ΔS 的数值就必须在确定的始、终态之间设计一个可逆过程。由同一始态出发，经绝热可逆过程和绝热不可逆过程，达不到相同的终态。因此不可能在绝热不可逆过程的始、终态之间设计一个绝热可逆过程，而必须另找其他可逆过程加以组合。通常采用将等温、等压、等容三个过程中的任意两个过程组合在一起即可构成 一个可逆过程。

【例 3.3】5 mol $H_2(g)$由 25℃、10^5 Pa 绝热压缩到 325℃、10^6 Pa。$H_2(g)$的 $C_{p,m}=29.1\ J\cdot K^{-1}\cdot mol^{-1}$，求此过程中 $H_2(g)$的 ΔS 。

解：已知 $H_2(g)$的始终和状态，不知过程是否可逆，因此不能作为可逆过程处理，现设计等压和等温两个可逆过程加以组合，如下所示：

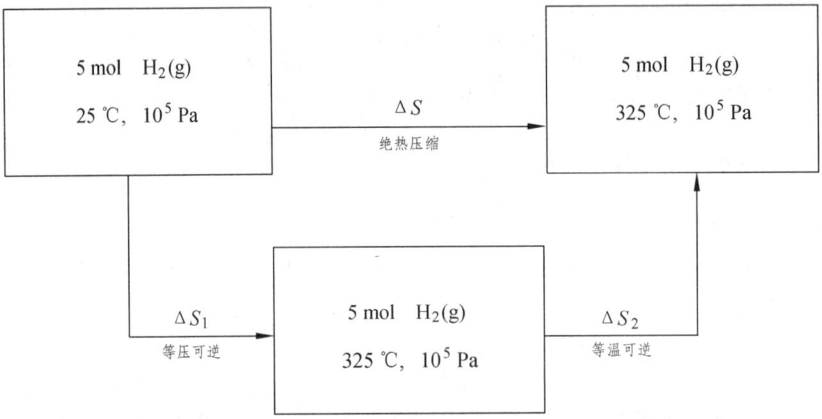

根据式（3.11）

$$\Delta S_1 = nC_{p,m}\ln\frac{T_2}{T_1} = 5\times 29.1\times\ln\frac{598.15}{298.15} = 101.31\ (J\cdot K^{-1})$$

根据式（3.13）

$$\Delta S_2 = nR\ln\frac{p_1}{p_2} = 5\times 8.314\times\ln\frac{10^5}{10^5} = -95.72\ (J\cdot K^{-1})$$

转化

$$\Delta S = \Delta S_1 + \Delta S_2 = 5.59\ (J\cdot K^{-1})$$

在上述绝热压缩过程中熵值增大了，说明该过程是不可逆过程。

2. 相变过程

（1）可逆相变。在相平衡条件下进行的相变过程称为可逆相变，该过程是在等温、等压且不做非体积功的条件下进行的，故 $Q=\Delta_\alpha^\beta H = n\Delta_\alpha^\beta H_m$，代入式（3.1）有

$$\Delta S = \frac{n\Delta_\alpha^\beta H_m}{T} \tag{3.18}$$

（2）不可逆相变。在非相平衡条件下进行的相变过程称为不可逆相变，需通过设计一定

的可逆过程来求算，所设计的过程要包含已知数据 $\Delta_{\alpha}^{\beta}H_{m}$ 相应的可逆相变过程。

【例 3.4】5 mol 过冷水在 268.15 K，101.325 kPa 下凝结为冰，计算过程的 ΔS。已知水在 0℃、101.3 kPa 下凝固热 $\Delta H_{m,凝} = -6.009\ J\cdot K^{-1}\cdot mol^{-1}$，水的平均热容为 $75.3\ J\cdot K^{-1}\cdot mol^{-1}$，冰的平均热容为 $37.6\ J\cdot K^{-1}\cdot mol^{-1}$。

解：在常压下，268.2 K 不是水的正常凝固点，所以该条件下的凝固过程是不可逆相变，需要设计成可逆过程来求算，如下所示：

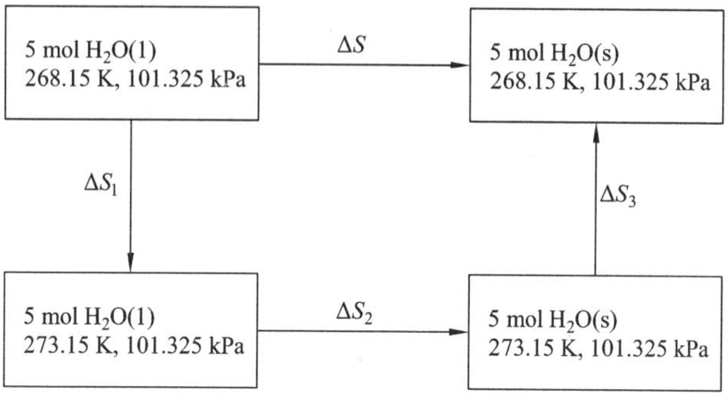

$$\Delta S_1 = nC_{p,m,水}\ln T_1/T_2 = 5\times 75.3\ln 273.15/268.2 = 6.93\,(J\cdot K^{-1})$$

$$\Delta S_2 = \Delta H_{m,凝}/T = 5\times(-6009\times 10^3)/273.15 = -110.0\,(J\cdot K^{-1})$$

$$\Delta S_3 = nC_{p,m,冰}\ln T_2/T_1 = 5\times 37.6\ln 268.2/273.15 = 3.47\,(J\cdot K^{-1})$$

$$\Delta S = \Delta S_1 + \Delta S_2 + \Delta S_3 = 6.95 - 110.0 - 3.47 = -106.5\,(J\cdot K^{-1})$$

这里特别说明的是，尽管该过程的 $\Delta S < 0$，但不能说明该过程不可能发生，因为这不是一个隔离系统，不适用于熵判据。若要用熵判据，需要重新划分大的隔离系统，计算环境的熵变。

3.3 热力学第三定律与化学反应熵变

通常，很多化学反应均不可逆，对不可逆化学反应，需要找到一种普遍的方法来求化学反应的熵变。

3.3.1 热力学第三定律

由熵的物理意义我们知道，熵是体系混乱度的量度，对同一种物质而言，显然，当温度降低时，物质由气态到液态再到固态，其混乱度减小，熵值也随之减小，若固体的温度再降低，则其熵值也随之降低。由此，科学家在很低的温度下研究凝聚体系的熵变的实验结果推出了热力学第三定律：在 0 K 时，任何物质的完美晶体的熵值均为 0。即

$$S(\text{完美晶体}, 0\,\text{K}) = 0 \tag{3.19}$$

完美晶体是指晶体内无任何缺陷，质点形成完全有规律的点阵，且质点均处于最低能级。热力学第三定律解决了如何通过实验测求规定熵的问题。

3.3.2 规定摩尔熵和标准摩尔熵

（1）规定摩尔熵。以热力学第三定律中的完美晶体为基准，求得的在一定温度、压强下，1 mol 某聚集状态纯物质的熵，就等于在温度 T 时，该物质的熵值，称为该物质的规定熵。

$$S_{\text{m}} = S(T) - S(0) = \int_0^T \left(\frac{\delta Q}{T}\right)_{\text{r}} \tag{3.20}$$

（2）标准摩尔熵。在标准状态下，1 mol 物质的熵称为该物质的标准摩尔熵，用符号 $S_{\text{m}}^{\ominus}$ 表示，单位为 $\text{J} \cdot \text{K}^{-1} \cdot \text{mol}^{-1}$，可由手册查得。一些物质在 298.15 K 下的标准摩尔熵 $S_{\text{m}}^{\ominus}$ 见本书附录。

3.3.3 化学反应的熵变计算

在任意温度 T 时，对任意化学反应 $0 = \sum \nu_{\text{B}}\text{B}$ 有

$$\Delta_{\text{r}} S_{\text{m}}^{\ominus}(T) = \sum \nu_{\text{B}} S_{\text{m}}^{\ominus}(\text{B}, T) \tag{3.21}$$

由于附录及手册中所给出的标准摩尔熵 $S_{\text{m}}^{\ominus}$ 是温度为 298.15 K 时的数据，则由式（3.20）能求出 $\Delta_{\text{r}} S_{\text{m}}^{\ominus}(298.15\,\text{K})$。若反应在其他温度进行，且反应物及生成物在 298.15 K~T 之间无相变，则可用某已知的 $\Delta_r S_{\text{m}}^{\ominus}(T_1)$ 可以求出任意温度下反应的 $\Delta_{\text{r}} S_{\text{m}}^{\ominus}(T_2)$。

$$\Delta_{\text{r}} S_{\text{m}}^{\ominus}(T_2) = \Delta_{\text{r}} S_{\text{m}}^{\ominus}(T_1) + \sum \nu_{\text{B}}\, C_{p,\text{m}} \ln \frac{T_2}{T_1} \tag{3.22}$$

【例 3.5】 计算 25℃时反应 $CO(g)+2H_2 = CH_3OH(g)$的 $\Delta_{\text{r}} S_{\text{m}}^{\ominus}$ 已知 CO(g)、$H_2(g)$、$CH_3OH(g)$ 的平均热容 $\overline{C}_{p,\text{m}}$ 分别为 $29.04\,\text{J} \cdot \text{K}^{-1} \cdot \text{mol}^{-1}$、$29.29\,\text{J} \cdot \text{K}^{-1} \cdot \text{mol}^{-1}$ 和 $51.25\,\text{J} \cdot \text{K}^{-1} \cdot \text{mol}^{-1}$，CO(g)、$H_2(g)$、$CH_3OH(g)$ 的 $\Delta_{\text{r}} S_{\text{m}}^{\ominus}(298.15\,\text{K})$ 之值分别为 $197.67\,\text{J} \cdot \text{K}^{-1} \cdot \text{mol}^{-1}$、$130.68\text{J} \cdot \text{K}^{-1} \cdot \text{mol}^{-1}$ 和 $239.80\text{J} \cdot \text{K}^{-1} \cdot \text{mol}^{-1}$。

解：

$$\begin{aligned}
\Delta_{\text{r}} S_{\text{m}}^{\ominus}(298.15\,\text{K}) &= \sum_{\text{B}} \nu_{\text{B}} S_{\text{m}}^{\ominus}(\text{B}, 298.15\,\text{K}) \\
&= S_{\text{m}}^{\ominus}(\text{CH}_3\text{OH}, 298.15\text{K}) - S_{\text{m}}^{\ominus}(\text{CO}, \text{g}, 298.15\text{K}) \\
&\quad - 2S_{\text{m}}^{\ominus}(\text{H}_2, \text{g}, 298.15\text{K}) \\
&= 239.80 - 197.67 - 2 \times 130.68 \\
&= -219.23\,(\text{J} \cdot \text{K}^{-1} \cdot \text{mol}^{-1})
\end{aligned}$$

3.4 Gibbs 函数及其判据

应用熵判据判断过程是否自发时，若非隔离体系，需同时计算体系及环境的熵变，使用起来比较麻烦。因为大多数化学反应和相变化都是在等温、等压或等温、等容且不做非体积功的情况下进行的，为此，科学家又定义了两个新的函数：亥姆霍兹函数和吉布斯函数。

3.4.1 亥姆霍兹函数

假定某一体系经历一个等温过程，根据克劳修斯不等式（式 3.3），有

$$\Delta S \geqslant \frac{Q}{T}\begin{pmatrix} >\text{不可逆} \\ =\text{可逆} \end{pmatrix}$$

即

$$Q \leqslant T\Delta S\begin{pmatrix} <\text{不可逆} \\ =\text{可逆} \end{pmatrix} \tag{3.23}$$

又由热力学第一定律有 $Q=\Delta U-W$，代入式（3.23）整理有

$$\Delta U - T\Delta S \leqslant W$$

即

$$\Delta(U-TS) \leqslant W\begin{pmatrix} <\text{不可逆} \\ =\text{可逆} \end{pmatrix} \tag{3.24}$$

定义

$$A=U-TS \tag{3.25}$$

代入式（3.24），有

$$\Delta A_{\mathrm{T}} \leqslant W\begin{pmatrix} <\text{不可逆} \\ =\text{可逆} \end{pmatrix} \tag{3.26}$$

若该等温过程为等容过程，且不做非体积功，即 $W'=0$，代入（3.26）有

$$\Delta A_{T,V,W'=0} \leqslant 0\begin{pmatrix} <\text{不可逆，自发} \\ =\text{可逆，平衡} \end{pmatrix} \tag{3.27}$$

A 为亥姆霍兹函数或亥姆霍兹自由能，单位为 J 或 kJ。因为 U、T、S 均为状态函数，故亥姆霍兹函数 A 也是状态函数。由于内能 U 的绝对值无法确定，故 A 的绝对值也无法确定。

式（3.27）为亥姆霍兹判据，该式表明：在等温等容不做非体积功的情况下，封闭系统中的过程总是自发地向着亥姆霍兹函数 A 值减少的方向进行，直到 A 达到最小值系统达到平衡状态为止。在平衡状态时，系统的任何变化都是可逆过程，其 A 值不变。

3.4.2 吉布斯函数

与亥姆霍兹函数相似，吉布斯函数也是一个复合热力学函数，用符号 G 表示，单位为 J 或 kJ。其定义式为

$$G = H - TS = U + pV - TS \tag{3.28}$$

因 H、T、S 均为状态函数，故 G 也是状态函数。因 H 的绝对值无法确定，故吉布斯函数 G 的绝对值无法确定。

同理可推出

$$\Delta G_{T,\,P,\,W'=0} \leqslant 0 \begin{pmatrix} <\text{不可逆，自发} \\ =\text{可逆，平衡} \end{pmatrix} \tag{3.29}$$

式（3.29）为吉布斯函数判据。该式表明，在等温等压不做非体积功的情况下，封闭系统中的过程总是自发地向着吉布斯函数 G 值减少的方向进行，直到 G 达到最小值系统达到平衡状态为止。在平衡状态时，系统的任何变化都是可逆过程，其 G 值不变。

3.4.3 吉布斯函数变化值的计算

1. 理想气体

（1）理想气体等温过程。封闭系统的等温过程，根据定义 $G = H - TS$，有

$$\Delta G = \Delta H - T\Delta S \tag{3.30}$$

对理想气体等温过程，$\Delta H = 0$，$\Delta S = nR\ln\dfrac{p_2}{p_1} = nR\ln\dfrac{V_1}{V_2}$ 代入式 3.30 有

$$\Delta G = nRT\ln\frac{p_2}{p_1} = nRT\ln\frac{V_1}{V_2} \tag{3.31}$$

（2）理想气体等压或等容过程。由于 G 为状态函数，根据定义式（3.30），有

$$\Delta G = \Delta H - \Delta(TS) = \Delta H - (T_2S_2 - T_1S_1) \tag{3.32}$$

【例 3.6】 1 mol 理想气体从 300 K，100 kPa 下等压加热到 600 K，求此过程的 Q、W、ΔU、ΔH、ΔS、ΔG。已知此理想气体 300 K 时的 $S_m = 150.0\ \text{J}\cdot\text{K}^{-1}\cdot\text{mol}^{-1}$，$C_{p,\,m} = 30.00\ \text{J}\cdot\text{K}^{-1}\cdot\text{mol}^{-1}$。

解： $W = -pV = -p(V_2 - V_1) = -pV_2 + pV_1 = -nRT_2 + nRT_1 = nR(T_1 - T_2)$

$= 1\times 8.315\times(300 - 600) = -2494.5\ (\text{J})$

$$\Delta U = nC_{V,\mathrm{m}}(T_2 - T_1) = 1\times(30.00-8.315)\times(600-300) = 6\,506\,(\mathrm{J})$$

$$\Delta H = nC_{p,\mathrm{m}}(T_2 - T_1) = 1\times 30.00\times(600-300) = 9\,000\,(\mathrm{J})$$

$$Q_p = \Delta H = 9\,000\,(\mathrm{J})$$

$$\Delta S = nC_{p,\mathrm{m}}\ln(T_2/T_1) = 1\times 30.00\times\ln(600/300) = 20.79\,(\mathrm{J\cdot K^{-1}\cdot mol^{-1}})$$

由 $$S_\mathrm{m}(600\,\mathrm{K}) = S_\mathrm{m}(300\,\mathrm{K}) + \Delta S = (150.0+20.79) = 170.79\,(\mathrm{J\cdot K^{-1}\cdot mol^{-1}})$$

$$\begin{aligned}\Delta TS &= n(T_2S_2 - T_1S_1)\\ &= 1\times(600\times170.79-300\times150.0)\\ &= 57\,474\,(\mathrm{J})\end{aligned}$$

$$G = \Delta H - TS = 9000-57474 = -48\,474\,(\mathrm{J})$$

2. 相变

（1）可逆相变。由式（3.30）有 $\Delta G=0$。

（2）不可逆相变。与 ΔS 相似，需要设计成多步可逆途径来进行计算。

【例 3.7】 5 mol 过冷水在 268.15 K、101.325 kPa 下凝结为冰，计算过程的 ΔG，并判断过程在此条件下能否发生。已知水在 0 ℃，101.3 kPa 下凝固热 $\Delta H_\mathrm{m} = -6009\ \mathrm{J\cdot K^{-1}\cdot mol^{-1}}$，水的平均热容为 $75.3\ \mathrm{J\cdot K^{-1}\cdot mol^{-1}}$，冰的平均热容为 $37.6\ \mathrm{J\cdot K^{-1}\cdot mol^{-1}}$。

解：在常压下，268.15 K 不是水的正常凝固点，所以该条件下的凝固过程是不可逆相变，需要设计成可逆过程来求算，如下所示：

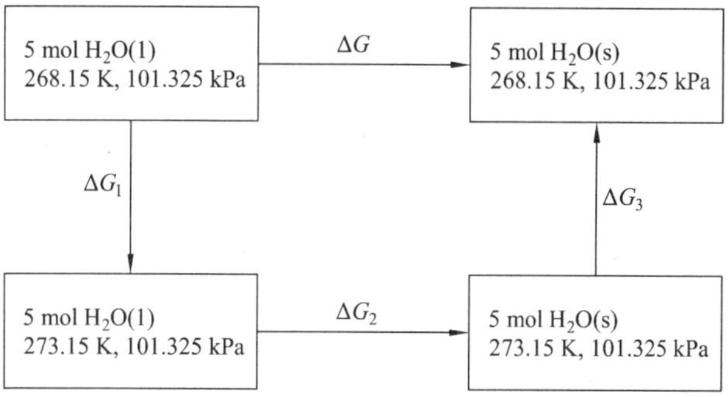

$$\Delta H_1 = nC_{p,\mathrm{m}}(T_2 - T_1) = 5\times 75.3\times(273.15-268.15) = 1883(\mathrm{J})$$

$$\Delta H_1 = n\Delta H_\mathrm{m} = 5\times 6\,009 = 30\,045\,(\mathrm{J})$$

$$\Delta H_3 = nC_{p,\mathrm{m}}(T_2 - T_1) = 5\times 37.6\times(268.15-273.15) = 940(\mathrm{J})$$

$$\Delta H = \Delta H_1 + \Delta H_2 + \Delta H_3 = 1\,883 - 30\,045 - 940 = -29\,102\,(\mathrm{J})$$

$$\Delta S_1 = nC_{p,\mathrm{m},水}\ln T_1/T_2 = 5\times 75.3\ln 273.15/268.15 = 6.93\,(\mathrm{J\cdot K^{-1}})$$

$$\Delta S_2 = \Delta H_{m,凝} / T = 5\times(-6009\times10^3)/273.15 = -110.0\,(J\cdot K^{-1})$$

$$\Delta S_3 = nC_{p,m,冰}\ln T_2/T_1 = 5\times37.6\ln 268.15/273.15 = 3.47\,(J\cdot K^{-1})$$

$$\Delta S = \Delta S_1 + \Delta S_2 + \Delta S_3 = 6.95 - 110.0 - 3.47 = -106.5\,(J\cdot K^{-1})$$

$$\Delta G = \Delta H - T\Delta S = -29102 - 268.15\times(-106.5) = -539\,(J) < 0$$

$W' = 0$，等温，等压下，$\Delta G < 0$，故该过程能自发进行。

3. 化学反应

（1）标准摩尔反应吉布斯自由能 $\Delta_r G_m^{\ominus}(T)$ 的定义。

在恒温、恒压、不做非体积功和组成不变的条件下，无限大量的反应系统中发生 1 mol 化学反应所引起系统的吉布斯函数的变化，称为摩尔反应吉布斯函数，用符号 $\Delta_r G_m$ 表示，单位为 $J\cdot mol^{-1}$ 或 $kJ\cdot mol^{-1}$，下角标“r”表示反应，“m”表示每摩尔。如果化学反应是在标准状态（$p_B = 100$ kPa，$c = 1\ mol\cdot L^{-1}$）下进行，则称为标准摩尔反应吉布斯函数，用符号 $\Delta_r G_m^{\ominus}$ 表示。

（2）标准摩尔反应吉布斯自由能 $\Delta_r G_m^{\ominus}(T)$ 的求算和反应方向的判断。

① 与反应焓变 $\Delta_r H_m^{\ominus}$ 一样，吉布斯自由能变 $\Delta_r G_m^{\ominus}$ 也可以根据标准摩尔生成吉布斯自由能 $\Delta_f G_m^{\ominus}$ 求算。

在标准状态下，由最稳定态的纯态单质生成单位物质的量的某物质时的标准吉布斯自由能变称为该物质的标准摩尔生成吉布斯自由能（以 $\Delta_f G_m^{\ominus}$ 表示）。根据此定义，不难理解，任何最稳定的纯态单质（如石墨、氧气等）在任何温度下的 $\Delta_f G_m^{\ominus}$ 都为零。

$$\Delta_r G_m^{\ominus} = \sum v_i\ \Delta_f G_m^{\ominus}(生成物) + \sum v_i\ \Delta_f G_m^{\ominus}(反应物) \tag{3.33}$$

② 标准状态时，当反应在温度 T 下进行时，由式（3.30）有

$$\Delta_r G_m^{\ominus}(T) = \Delta_r H_m^{\ominus}(T) - T\Delta_r S_m^{\ominus}(T) \tag{3.34}$$

由于 $\Delta_r H_m^{\ominus}$、$\Delta_r S_m^{\ominus}$ 随温度变化不大，有

$$\Delta_r G_m^{\ominus}(T) \approx \Delta_r H_m^{\ominus}(298\,K) - T\Delta_r S_m^{\ominus}(298\,K) \tag{3.35}$$

因此，只要能够计算出 $\Delta_r G_m^{\ominus}(T)$ 的结果，便可以判断标准态下化学反应自发进行的方向，即在恒温恒压下，若 $\Delta_r G_m^{\ominus}(T) < 0$，则化学反应能正向自发进行。

【例 3.8】试判断：反应 $C_6H_6(l) = 3\ C_2H_2(g)$ 在 298.15 K，标准态下正向能否自发？并估算最低反应温度。已知 $\Delta_f H_m^{\ominus}[C_6H_6(l), 298\,K] = 49.10\ kJ\cdot mol^{-1}$，$\Delta_f H_m^{\ominus}[C_2H_2(g), 298\,K] = 226.73\ kJ\cdot mol^{-1}$；$S_m^{\ominus}[C_6H_6(l), 298\,K] = 173.40\ J\cdot mol^{-1}K^{-1}$，$S_m^{\ominus}[C_2H_2(g), 298\,K] = 200.94\ J\cdot mol^{-1}K^{-1}$。

解：根据公式 $\Delta_r G_m^{\ominus}(T) = \Delta_r H_m^{\ominus}(T) - T\Delta_r S_m^{\ominus}(T)$

$$\Delta_r G_m^\ominus(298\text{ K}) = \Delta_r H_m^\ominus(298\text{ K}) - T\Delta_r S_m^\ominus(298\text{ K})$$

而

$$\Delta_r H_m^\ominus(298\text{ K}) = 3\Delta_f H_m^\ominus[C_2H_2(g), 298\text{ K}] - \Delta_f H_m^\ominus[C_6H_6(l), 298\text{ K}]$$
$$= 3\times 226.73 - 1\times 49.10$$
$$= 631.09（\text{kJ}\cdot\text{mol}^{-1}）$$

$$\Delta_r S_m^\ominus(298\text{ K}) = 3S_m^\ominus[C_2H_2(g), 298\text{ K}] - S_m^\ominus[C_6H_6(l), 298\text{ K}]$$
$$= 3\times 200.94 - 1\times 173.40$$
$$= 429.42（\text{J}\cdot\text{K}^{-1}\cdot\text{mol}^{-1}）$$

故

$$\Delta_r G_m^\ominus(298\text{ K}) = \Delta_r H_m^\ominus(298\text{ K}) - T\Delta_r S_m^\ominus(298\text{ K})$$
$$= 631.09 - 298.15\times 429.42\times 10^{-3}$$
$$= 503.06（\text{J}\cdot\text{K}^{-1}\cdot\text{mol}^{-1}）>0$$

因此，该正向反应非自发。

若使 $\Delta_r G_m^\ominus(298\text{ K}) = \Delta_r H_m^\ominus(298\text{ K}) - T\Delta_r S_m^\ominus(298\text{ K}) < 0$，则正向自发。

又因为 $\Delta_r H_m^\ominus$、$\Delta_r S_m^\ominus$ 随温度变化不大，即

$$\Delta_r G_m^\ominus(T) \approx \Delta_r H_m^\ominus(298\text{ K}) - T\Delta_r S_m^\ominus(298\text{ K}) < 0$$

则

$$T > 631.09 / 429.42\times 10^{-3} = 1\,469.6（\text{K}）$$

故最低反应温度为 1469.6 K。

③由标准化学平衡常数 $K^\ominus$ 求 $\Delta_r G_m^\ominus$。其方法及公式（6.6）推导见第 6 章化学平衡。

3.5 热力学基本方程

在热力学中最常用的八个状态函数有 p、V、T、U、H、S、A 和 G，其中，p、V、T、U、S 是基本函数，均有明确的物理意义。而 H、A 和 G 则是由这五个基本函数组合而成的函数，并无明确的物理意义，其绝对值也都无法确定。其定义式由下列关系确定：

$$H = U + pV$$

$$A = U - TS$$

$$G = U + pV - TS = H - TS = A + pV$$

此外，根据热力学第一定律和第二定律还可以推出一些非常重要的热力学函数的关系式，

称之为热力学基本方程。对于组成恒定的封闭系统单纯的 pVT 变化过程，四个热力学基本方程及推导如下。

封闭系统在不做非体积功的条件下经历一个微小的可逆过程，由热力学第一定律，有

$$\mathrm{d}U = \delta Q + \delta W$$

因过程可逆且没有非体积功，则 $\delta Q = T\mathrm{d}S$，$\delta W = -p\mathrm{d}V$，代入上式，得

$$\mathrm{d}U = T\mathrm{d}S - p\mathrm{d}V \tag{3.36}$$

由 $H = U + pV$ 微分可得

$$\mathrm{d}H = \mathrm{d}U + p\mathrm{d}V + V\mathrm{d}p$$

将式（3.36）代入上式，得

$$\mathrm{d}H = T\mathrm{d}S + V\mathrm{d}p \tag{3.37}$$

用同样的方法，将 $A = U - TS$，$G = H - TS$ 微分后，再分别将式（3.36）代入，得

$$\mathrm{d}A = -S\mathrm{d}T - p\mathrm{d}V \tag{3.38}$$

$$\mathrm{d}G = -S\mathrm{d}T + V\mathrm{d}p \tag{3.39}$$

习　题

一、判断题

1. 任意体系经一循环过程则其 ΔU，ΔH，ΔS，ΔG 均为零。
2. 凡是 $\Delta S > 0$ 的过程都是不可逆过程。
3. 体系由平衡态 A 变到平衡态 B，不可逆过程的熵变一定大于可逆过程的熵变。
4. 熵增加原理就是隔离体系的熵永远增加。
5. 熵增加的过程和吉布斯函数减小的过程一定是自发过程。
6. 冰在 0℃，标准大气压下转变为液态水，其熵变 $\Delta S = H/T > 0$，所以该过程为自发过程。
7. 自发过程的方向就是系统混乱度增加的方向。
8. 系统由 V_1 膨胀到 V_2，其中经过可逆途径时做的功最多。
9. 过冷水结冰的过程是在恒温、恒压、不做其他功的条件下进行的，故该过程的 $\Delta G = 0$。
10. 在等温、等压下，吉布斯函数变化大于零的化学变化都不能进行。

二、单选题

1. 理想气体绝热向真空膨胀，则（　　）。

   A. $\Delta S = 0$，$W = 0$　　　B. $\Delta H = 0$，$\Delta U = 0$

   C. $\Delta G = 0$，$\Delta H = 0$　　　D. $\Delta U = 0$，$\Delta G = 0$

2. 对于隔离体系中发生的实际过程，下式中不正确的是（　　）。

A. $W = 0$　　B. $Q = 0$　　C. $\Delta S > 0$　　D. $\Delta H = 0$

3. 理想气体经可逆与不可逆两种绝热过程，则（　　）。

A. 可以从同一始态出发达到同一终态

B. 不可以达到同一终态

C. 不能确定以上 A、B 中哪一种正确

D. 可以达到同一终态，视绝热膨胀还是绝热压缩而定

4. 求任一不可逆绝热过程的熵变 ΔS，可以通过以下哪个途径求得？（　　）。

A. 始终态相同的可逆绝热过程。

B. 始终态相同的可逆恒温过程。

C. 始终态相同的可逆非绝热过程。

D. B 和 C 均可。

5. 在绝热恒容的系统中，H_2 和 Cl_2 反应化合成 HCl。在此过程中下列各状态函数的变化值哪个为零？（　　）。

A. $\Delta_r H_m$　　B. $\Delta_r U_m$　　C. $\Delta_r S_m$　　D. $\Delta_r G_m$

6. 1 mol 理想气体向真空膨胀，若其体积增加到原来的 10 倍，则体系、环境和隔离体系的熵变分别为（　　）。

A. 19.14 $J \cdot K^{-1}$，−19.14 $J \cdot K^{-1}$，0　　B. −19.14 $J \cdot K^{-1}$，19.14 $J \cdot K^{-1}$，0

C. 19.14 $J \cdot K^{-1}$，0，0.1914 $J \cdot K^{-1}$　　D. 0，0，0

7. 理想气体经历等温可逆过程，其熵变的计算公式是（　　）。

A. $S = nRT\ln(p_1/p_2)$　　B. $S = nRT\ln(V_2/V_1)$

C. $S = nR\ln(p_2/p_1)$　　D. $S = nR\ln(V_2/V_1)$

三、计算题

1. 2 mol 理想气体由 50 kPa，50℃加热到 100 kPa，100℃，试求此气体的熵变。已知此气体的 $C_{p,m} = (5/2)R$。

2. 已知水的正常沸点是 100℃，$C_{p,m}$=75.20 $J \cdot K^{-1} \cdot mol^{-1}$，摩尔气化热为 40.67 $J \cdot mol^{-1}$，水蒸气的 $C_{p,m}$=33.57 $J \cdot K^{-1} \cdot mol^{-1}$，求以下两过程的 ΔS。

（1）1 mol H_2O(l, 100℃, 101.325 kPa)→1 mol H_2O(g, 100℃, 101.325 kPa)。

（2）1 mol H_2O(l, 80℃, 101.325 kPa)→1 mol H_2O(g, 80℃, 101.325 kPa)。

3. 在 373 K 及 100 kPa 下，使 2 mol H_2O(l)向真空气化为水汽，终态为 100 kPa，373 K，求此过程中的 W、Q 及 $\Delta_{vap}U$、$\Delta_{vap}H$、$\Delta_{vap}S$。H_2O 的摩尔气化热为 40.67 $J \cdot mol^{-1}$。H_2O 在 373 K 的密度为 0.979 8 $kg \cdot m^{-3}$。（假设水汽可作为理想气体）

4. 1 mol 理想气体在 273.15 K 等温地从 10 kPa 膨胀到 1 kPa，若膨胀是可逆的，试计算此过程的 W、Q、ΔU、ΔH、ΔS、ΔG。

5. 1 mol H_2O(1)在 100°C、101.325 kPa 下变成同温同压下的 H_2O(g)，然后等温可逆膨胀到 40 kPa，求整个过程的 W、Q、ΔU、ΔH、ΔS。已知 100°C、101.325 kP 下 H_2O 的摩尔气化热为 40.6 $kJ \cdot mol^{-1}$。

4 第四章　非电解质溶液与相平衡

学习要求

（1）掌握拉乌尔定律和亨利定律的内容及其应用。

（2）掌握稀溶液的依数性及其计算。

（3）掌握理想溶液的概念，了解其与真实溶液的区别，会计算理想溶液气液平衡时的组成。

（4）掌握分配定律及其应用。

（5）掌握相、自由度、独立组分数等基本概念，会用相律求算体系的自由度。

（6）会分析水的相图和理想互溶双液系的相图，掌握蒸馏精馏原理。

（7）掌握杠杆原理、克劳修斯-克拉贝龙方程及其相关计算。

溶液是指两种或两种以上物质彼此以分子或离子状态均匀混合所形成的体系。溶液中被分散的物质称为溶质，溶质分散其中的介质称为溶剂。如果组成溶液的物质有不同的状态，通常将液态物质称为溶剂，气态或固态物质称为溶质。如果都是液态，则把含量多的一种称为溶剂，含量少的称为溶质。溶液按物态可分为气态溶液、固态溶液和液态溶液。根据溶液中溶质的导电性又可分为电解质溶液和非电解质溶液。若溶剂和溶质不加区分，各组分均可选用相同的标准态，使用相同的经验定律，这种体系称为混合物。混合物也可按物态分为气态混合物、液态混合物和固态混合物。本章主要讨论液态的非电解质溶液。

4.1　拉乌尔定律和亨利定律

4.1.1　溶液组成的表示法

在液态的非电解质溶液中，溶质 B 的浓度表示法主要有以下 4 种：

（1）物质的量分数，也叫摩尔分数（见公式 1.2）。

（2）质量摩尔浓度。

溶质 B 的物质的量与溶剂 A 的质量之比称为溶质 B 的质量摩尔浓度，用符号 b_B 表示，单位为 $mol \cdot kg^{-1}$，即

$$b_B = \frac{n_B}{m_A} \tag{4.1}$$

其优点是可以用准确的称重法来配制溶液，不受温度影响，电化学中用得很多。

（3）物质的量浓度。

溶质 B 的物质的量与溶液体积 V 的比值称为溶质 B 的物质的量浓度或浓度，单位是 $mol \cdot L^{-1}$，即

$$c_B = \frac{n_B}{V} \tag{4.2}$$

（4）质量分数。

溶质 B 的质量与溶液总质量之比称为溶质 B 的质量分数，单位为 1，即

$$w_B = \frac{m_B}{m_{总}} \tag{4.3}$$

4.1.2 拉乌尔定律

1887 年，法国化学家拉乌尔从实验中归纳出一个经验定律：在定温下，稀溶液中溶剂的蒸气压等于纯溶剂蒸气压乘以溶液中溶剂的摩尔分数，即

$$p_A = p_A^* x_A \tag{4.4}$$

式中 p_A——气相中溶剂的蒸汽分压；

p_A^*——纯溶剂在相同温度下的饱和蒸气压；

x_A——溶液中溶剂的摩尔分数。

任何足够稀的溶液都严格遵守拉乌尔定律，但不同溶液的适用浓度范围不同，视具体溶液而定。

【例 4.1】在 320 K，溶剂 A 的饱和蒸气压 $p_A^* = 4.53 \times 10^4$ Pa 。在该温度下 4 mol A 溶解 0.2 mol 非挥发性有机化合物 B，求该溶液的蒸气压。

解：由题意有 $x_A = \frac{n_A}{n_A + n_B} = \frac{4}{4+0.2} = 0.952$

$$p = p_A + p_B = p_A = p_A^* x_A = 0.952 \times 4.53 \times 10^4 = 4.31 \times 10^4 \text{（Pa）}$$

4.1.3　亨利定律

1803 年英国化学家亨利根据实验总结出另一条经验定律——**亨利定律**：在一定温度和平衡状态下，气体在液体里的溶解度与该气体的平衡分压 p 成正比。用公式表示为：

$$p_B = k_x x_B \tag{4.5}$$

式中　p_B——所溶液的气体在溶液液面上的平衡分压；

k_x——以摩尔分数表示溶液浓度时的亨利常数；

x_B——气体溶质在液体里的摩尔分数。

亨利常数的数值与温度、压力、溶剂和溶质的性质有关。若浓度的表示方法不同，其值也不同，即

$$p_B = k_b b_B \tag{4.6}$$

$$p_B = k_c c_B \tag{4.7}$$

式中　b_B、c_B——分别为溶质的质量摩尔浓度，物质的量浓度；

k_b、k_c——分别为以质量摩尔浓度，物质的量浓度表示溶液浓度时的亨利常数。

使用亨利定律应注意：

① 式中 p 为该气体的分压。对于混合气体，在总压不大时，亨利定律分别适用于每一种气体。

② 溶质在气相和在溶液中的分子状态必须相同。

如 HCl，在气相为 HCl 分子，在液相为 H^+和 Cl^-，则亨利定律不适用。

③ 溶液浓度越稀，对亨利定律符合得越好。对气体溶质，升高温度或降低压力，降低了溶解度，能更好服从亨利定律。

【例 4.2】在 293 K 时，当 HCl 的分压为 1×10^5 Pa 时，它在苯中的摩尔分数为 0.04。若在该温度下纯苯的蒸气压为 1×10^4 Pa，求苯和 HCl 的总压力为 1×10^5 Pa 时，苯最多可溶解 HCl 的摩尔分数?

解：由式（4.5）有，HCl 在苯中亨利常数为

$$k_x = \frac{p_B}{x_B} = \frac{100\,000}{0.4} = 2.5\times10^6\ (\text{Pa})$$

当苯和 HCl 的总压力为 1×10^5 Pa，苯中 HCI 的分压为

$$p_{HCl} = 100\,000 - 10\,000 = 90\,000\ (\text{Pa})$$

$$x_B = \frac{p_B}{k_x} = \frac{90\,000}{2.5\times10^6} = 0.036$$

亨利定律是化工单元操作“吸收”的理论基础。吸收就是利用混合气体中不同气体在溶剂中溶解度的不同，有选择地把溶解度大的气体吸收下来，从而将该气体从混合气中分离出来的过程。由于亨利常数随温度的升高而减小，一定温度下气体的溶解度随压强的增大而增大，故工业上常选择在低温高压的条件下进行吸收。

4.2 稀溶液的依数性

在一定的温度和压力下、一定的浓度范围内，溶剂遵守 Raoult 定律、溶质遵守 Henry 定律的溶液称为稀溶液。值得注意的是，化学热力学中的稀溶液并不仅仅是指浓度很小的溶液。通过实验发现，指定溶剂的类型和数量后，稀溶液中的某些性质，只取决于所含溶质粒子的数目，而与溶质的本性无关，这些性质称为稀溶液的依数性质，包括蒸气压下降，凝固点降低，沸点升高，渗透压。

4.2.1 蒸气压下降

对于只有 A、B 两个组分的稀溶液，则 $x_A + x_B = 1$，由拉乌尔定律，代入式（4.4）有

$$p_A = p_A^*(1 - x_B) = p_A^* - p_A^* x_B$$

$$\Delta p_A = p_A^* - p_A = p_A^* x_B \qquad (4.8)$$

式中　Δp_A——溶剂的蒸气压下降值；

x_B——溶液中溶质的摩尔分数。

由式（4.8）可知，加入非挥发性溶质 B 以后，溶剂 A 的蒸气压会下降，且下降值与溶质的摩尔分数成及纯溶剂的饱和蒸气压成正比，与溶质的本性无关。

【例 4.3】20℃下，将不挥发性溶质 B 溶于溶剂水（A）中，形成 $x = 0.05$ 的水溶液（可看作理想混合物）。测得此溶液的蒸气压为 2.23 kPa，求 20℃下该水溶液的蒸气压的下降值。

解：（1）$p_A = p_A^* x_B = p_A^*(1 - x_B)$

$$p_A^* = \frac{p_A}{x_B} = 2.23/(1-0.05) = 2.35\ (\text{kPa})$$

$$\Delta p_A = p_A^* - p_A = p_A^* x_B = 2.35 - 2.23 = 0.12\ (\text{kPa})$$

蒸气压下降是造成凝固点下降、沸点升高和渗透压的根本原因。

4.2.2 凝固点下降

物质的凝固点是该物质处于固液两相平衡时的温度。在平衡时，固相和液相的蒸气压相等。由于溶质溶于溶剂形成稀溶液后，溶剂的蒸气压会下降，故纯溶剂固相蒸气压在较低的情况下就等于稀溶液的蒸气压，即在较低的温度下开始析出晶体。所以稀溶液的凝固点低于纯溶剂的凝固点。实验证明，凝固点下降值与溶液中溶质的质量摩尔浓度成正比，即

$$\Delta T_{\mathrm{f}} = T_{\mathrm{f}}^{*} - T_{\mathrm{f}} = K_{\mathrm{f}} b_{\mathrm{B}} \tag{4.9}$$

式中 ΔT_{f}——凝固点降低值，K；

K_{f}——凝固点降低常数，只与溶剂的性质有关，$\mathrm{K \cdot mol^{-1} \cdot kg}$。

式（4.9）适用于稀溶液且凝固时析出的为纯溶剂 A(s)，即无固溶体生成。式（4.9）可用于测定物质的摩尔质量。常用溶剂的 K_{f} 值可通过化工手册查得，用实验测定 ΔT_{f} 值，就可计算溶质的摩尔质量。

【例 4.4】香烟中主要含有尼古丁（Nicotine），是致癌物质。现将 0.6 g 尼古丁溶于 12.0 g 的水中，所得溶液在 101 325 Pa 下的凝固点为−0.62℃，求出该物质的摩尔质量 M_{B}（已知水的摩尔质量凝固点降低常数 $K_{\mathrm{f}} = 1.86\ \mathrm{K \cdot kg \cdot mol^{-1}}$）。

解：假设尼古丁的摩尔质量为 M_{B}，根据凝固点下降公式$\Delta T_{\mathrm{f}} = K_{\mathrm{f}} b_{\mathrm{B}}$

$$\Delta T_{\mathrm{f}} = K_{\mathrm{f}} b_{\mathrm{B}} = K_{\mathrm{f}} \frac{n_{\mathrm{B}}}{W_{\mathrm{H_2O}}} = K_{\mathrm{f}} \frac{m_{\mathrm{B}}}{M_{\mathrm{B}} W_{\mathrm{H_2O}}}$$

$$M_{\mathrm{B}} = K_{\mathrm{f}} \frac{m_{\mathrm{B}}}{\Delta T_{\mathrm{f}} \cdot W_{\mathrm{H_2O}}} = 1.86 \frac{6 \times 10^{-4}}{0.62 \times 0.012} = 150$$

则有

$$M_{\mathrm{B}} = 150\ \mathrm{g \cdot mol^{-1}}$$

4.2.3 沸点升高

在一定外压下纯物质的蒸气压与外界压力相等时液体便沸腾，相应的沸腾的温度，称为液体的沸点。液体的沸点与所受的外界压强有关，外压大则沸点高。当外压为 101.3 kPa 时的沸腾温度即为液体的正常沸点。例如，水的正常沸点为 100℃。

含有非挥发性溶质的稀溶液，由于蒸气压降低，加热到原来的沸点温度时蒸气压小于外压，不能沸腾。只有继续升高温度，蒸气压等于外压才能沸腾，所以沸点升高了。实验证明，其沸点升高值与溶液中溶质 B 的质量摩尔浓度成正比，即

$$\Delta T_{\mathrm{b}} = T_{\mathrm{b}} - T_{\mathrm{b}}^{*} = K_{\mathrm{b}} b_{\mathrm{B}} \tag{4.10}$$

式中　ΔT_b——沸点升高值，K；

K_b——沸点升高常数，只与溶剂的性质有关，$K\cdot mol^{-1}\cdot kg$。

与式（4.9）类似，式（4.10）也可用于测定物质的摩尔质量。但因为 K_f 较 K_b 大，凝固点下降法误差较小，且低温测量较高温更易于进行，故凝固点下降法更为准确方便。

4.2.4　渗透压

如图 4.1 所示，在半透膜左边放溶剂，右边放溶液。由于半透膜对物质的有选择透过性，只允许某些小离子或溶剂分子通过而不允许较大的离子或溶质分子通过。经过一定时间，发现溶液端的液面会上升，而纯溶剂端液面下降，如图 4.1（a）所示。如果溶液浓度改变，液面上升的高度也随之改变。这种溶剂通过半透膜渗透到溶液一边，使溶液端的液面升高的现象称为渗透现象。若想使两侧液面高度相同，则需在溶液端施加额外压力。如图 4.1（b）所示，在等温等压下，当溶液一侧所施加外压力为 π 时，两侧液面可持久保持同一水平，也就是达到渗透平衡，这个压力 π 称为**渗透压**。在溶液端施加超过渗透压的压力，会使溶剂由溶液向溶剂方渗透，称为反渗透。反渗透可用于海水淡化、污水处理等许多方面，这种方法也称为膜技术。

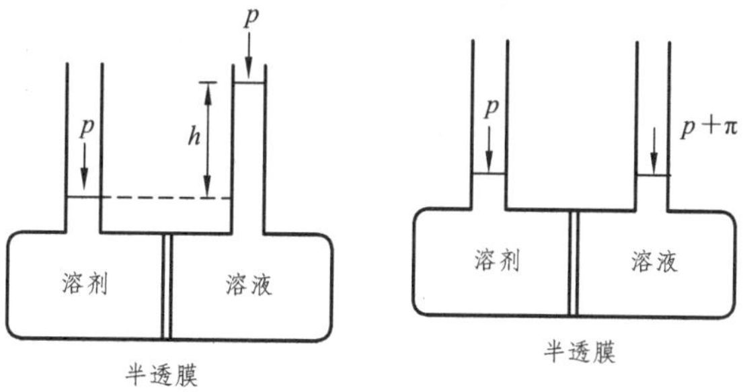

（a）　　　　（b）

图 4.1　渗透平衡示意图

大量实验结果表明，稀溶液的渗透压数值与溶液中所含溶质的数量成正比。

$$\pi = c_B RT \tag{4.11}$$

式（4.11）称为范特霍夫渗透压公式，适用于在一定温度下稀溶液与纯济剂之间达到渗透压平衡时溶液的渗透压 π 及溶质的物质的量浓度 c_B 的计算。渗透压的测定也常用于测定高分子物质的摩尔质量。

【例 4.5】 1 kg 纯水中，溶解不挥发性溶质 B 2.22g，B 在水中不电离，假设此溶液具有稀溶液的性质。已知 B 的摩尔质量为 111.0 $g\cdot mol^{-1}$，水的 $K_b = 0.52\ K\cdot mol^{-1}\cdot kg$，该溶液的密度近似为 1 $kg\cdot L^{-1}$。求：（1）此溶液的沸点升高值。（2）此溶液在 25 ℃ 时的渗透压。

解：（1）$b_B = \dfrac{n_B}{m_A} = \dfrac{m_B}{M_B m_A} = \dfrac{2.22}{111.0} = 0.02\,(mol\cdot kg^{-1})$

$$T_b = K_b b_B = 0.52 \times 0.02 = 0.01 \text{(K)}$$

（2）$c_B \approx b_B \approx 0.02 \times 1 = 0.02 \text{(mol·L}^{-1}\text{)}$

$$\pi = c_B RT = 0.02 \times 1000 \times 8.314 \times 298.15 = 49.58 \text{(kPa)}$$

4.3 理想溶液与真实溶液

当液体混合物中溶质浓度较大时应用拉乌尔定律将会产生很大偏差，为了研究问题的方便，与研究气体的方法一样，我们需要先找到理想情况下的规律，再找出真实溶液的规律，由此提出了理想溶液的概念。

4.3.1 理想溶液的概念

溶液中所有组分在全部浓度范围内服从拉乌尔定律的溶液称为理想溶液。拉乌尔定律只适用于稀溶液，是因为稀溶液中溶质的分子数很小，对溶剂分子作用力的影响很小。而理想溶液的组分，不管浓度多大，都服从拉乌尔定律。理想溶液中组分的分子结构非常相似，分子之间的相互作用力完全相同，分子大小也完全相同。理想溶液的各个组分能以任意比例相互混溶，混合前后体积不变，并且没有吸热、放热现象。

与理想气体不同，许多真实溶液性质很接近理想溶液，可以看作为理想溶液，如同系物、同分异构体所组成的溶液等。

4.3.2 理想溶液的气–液平衡组成

在一定条件下，对于液体蒸发和冷凝同时进行，当蒸发和冷凝速率相等时即达到了动态平衡，称为气液两相平衡。气液两相平衡关系是精馏操作的热力学基础和基本依据。

（1）气液平衡时蒸气总压 p 与液相组成 x_B 的关系。

对于只有 A、B 两个组分的理想溶液，气液平衡时，两组分均遵拉乌尔定律：

$$p_A = p_A^* x_A$$

$$p_B = p_B^* x_B$$

平衡蒸汽压力不高，可作为理想气体，遵守分压定律

$$p = p_A + p_B = p_A^* x_A + p_B^* x_B = p_A^* (1 - x_B) + p_B^* x_B$$

故 $$p = p_A^* + (p_B^* - p_A^*)x_B \tag{4.12}$$

式（4.12）可用来计算理想溶液在气液平衡时液相组成或蒸气总压

（2）气液平衡时气相组成 y 与液相组成 x 的关系。

由分压定律有

$$y_B = \frac{p_B}{p} = \frac{p_B^* x_B}{p} = \frac{p_B^* x_B}{p_A^* x_A + p_B^* x_B} \tag{4.13a}$$

$$y_A = \frac{p_A}{p} = \frac{p_A^* x_A}{p} = \frac{p_A^* x_A}{p_A^* x_A + p_B^* x_B} \tag{4.13b}$$

【例 4.6】 60℃时，$p_A^* = 0.395\ \text{kPa}$，$p_B^* = 0.789\ \text{kPa}$。假设任何给定混合物具有理想溶液特性。如在 60℃时，将 1 mol A 和 4 mol B 混合成液体体系。求此体系蒸气压和蒸气组成。

解： 由题意有

$$x_A = \frac{n_A}{n_A + n_B} = \frac{1}{1+4} = 0.2$$

$$x_B = 1 - x_A = 1 - 0.2 = 0.8$$

$$\begin{aligned} p &= p_A^* + (p_B^* - p_A^*)x_B \\ &= 0.395 + (0.789 - 0.395) \times 0.8 = 0.710\,2\ (\text{kPa}) \end{aligned}$$

$$y_B = \frac{p_B}{p} = \frac{p_B^* x_B}{p} = \frac{0.789 \times 0.8}{0.7102} = 0.89$$

$$y_A = 1 - y_B = 1 - 0.89 = 0.11$$

4.3.3 真实溶液

绝大多数溶液的行为偏离理想溶液，蒸气压与组成之间的关系并不完全服从拉乌尔定律，这类溶液称真实溶液。因为分子间相互作用的不同，随着溶液浓度的增大，真实溶液蒸气压组成关系不服从拉乌尔定律。

在非理想溶液中，拉乌尔定律应修正为

$$p_B = p_B^* \gamma_B x_B \tag{4.14}$$

为使理想溶液（或极稀溶液）的热力学公式适用于真实溶液，路易斯提出了活度的概念相对活度定义式如下：

$$a_{x,B} = \gamma_{x,B} x_B \tag{4.15}$$

式中　$a_{x,B}$——浓度用 x_B 表示时的相对活度，量纲为 1；

$\gamma_{x,B}$——活度因子，表示浓度用 x_B 表示时实际溶液与理想溶液的偏差，量纲为 1。

显然，这是浓度用 x_B 表示的活度和活度因子，若浓度用 m_B 或 c_B 表示，则对应有 $a_{m,B}$，$\gamma_{m,B}$ 或 $a_{c,B}$，$\gamma_{c,B}$，显然它们彼此不相等。

当体系的总蒸气压和蒸汽分压的实验值均大于拉乌尔定律的计算值时，称为发生了“正偏差”，若小于拉乌尔定律的计算值，称发生了“负偏差”。

产生偏差的原因大致有如下三方面：

（1）分子间作用力改变而引起挥发性的改变。当同类分子间引力大于异类分子间引力时，混合后作用力降低，挥发性增强，产生正偏差，反之则产生负偏差。

（2）由于混合后分子发生缔合或解离现象引起挥发性改变。若解离度增加或缔合度减少，溶液中分子数目增加，蒸气压增大，产生正偏差。如乙醇溶解到苯中，缔合的乙醇分子发生解离，分子数目增加，蒸气压增大而产生正偏差。反之，出现负偏差。

（3）由于二组分混合后生成化合物，蒸气压降低，产生负偏差。

4.4 分配定律

4.4.1 分配定律

在定温、定压下，若一个物质溶解在两种互不相溶的液体混合物 α 和 β 里，达到平衡后，该物质在两相中浓度之比等于常数，这称为分配定律。用公式表示为

$$K=\frac{c_B^{\alpha}}{c_B^{\beta}} \tag{4.16}$$

式中　c_B^{α}、c_B^{β}——分别为溶质 B 在两个互不相溶的溶剂 α、β 中的浓度；

K——分配系数，与温度、压力、溶质及两种溶剂的性质有关。

如果溶质在任一溶剂中有缔合或离解现象，则分配定律只能适用于在溶剂中分子形态相同的部分。

4.4.2 萃取

萃取是分配定律在实际中的具体应用。用一种与溶液不相溶的溶剂，将溶质从溶液中提取出来的过程称为萃取，萃取所用的溶剂称为萃取剂。在水中可加入一定量的与水不相溶的萃取剂，使水中少量的某种溶质在两溶剂中重新分配，达到平衡。这样就在该溶剂中有了一

定的浓度，溶解度越大，萃取效果越好。

如果 V_a(mL) 溶液中含有某种溶质 W_0(g)，用 V_b(mL) 的某溶剂进行萃取，萃取后残留在原液中的溶质为 W_1(g)，有

$$W_1 = W_0 \frac{KV_a}{KV_a + V_b} \tag{4.17}$$

如每次用 V_b(mL)溶剂萃取，进行 n 次萃取，最后在残液内剩余的溶质的量为 W_n(g)，有

$$W_n = W_0 \left(\frac{KV_a}{KV_a + V_b} \right)^n \tag{4.18}$$

【例 4.7】以 CCl_4 萃取 30 mL 水溶液中的碘单质，水中有碘 20 g，已知 I_2 在水与 CCl_4 中的分配系数为 0.012，试比较用 50 mL CCl_4 一次萃取及分三次萃取，萃取出来的 I_2 的质量。

解：设水为 a，CCl_4 为 b，由公式（4.17）有

（1）一次萃取后水中剩下的 I_2 质量为 W_1(g)：

$$W_1 = W_0 \frac{KV_a}{KV_a + V_b} = 20 \times \frac{0.012 \times 30}{0.012 \times 30 + 50} = 0.14(\text{g})$$

萃取出 I_2 的质量为：20−0.14 = 19.86(g)

（2）分 3 次萃取后，水中剩下的 I_2 质量为 W_3(g)

$$W_3 = W_0 \left(\frac{KV_a}{KV_a + V_b} \right)^3 = 20 \times \left(\frac{0.012 \times 30}{0.012 \times 30 + 50/3} \right)^3 = 0.000\,19\ (\text{g})$$

萃取出 I_2 的质量为：

$$20 - 0.000\,19 \approx 20\ (\text{g})$$

通过计算知道，若用同样数量的溶剂，萃取次数越多，从溶液中萃取出来的溶质也越多。对沸点靠近或有共沸现象的液体混合物，可以用萃取的方法分离。

萃取剂的选择原则如下：

① 萃取剂应对被提取物有更大的溶解度和较好的选择性。

② 萃取剂与被萃取液的互溶度要小，黏度低，界面张力适中，有利于相的分散和分离。

③ 萃取剂的化学稳定性高，萃取剂与被提取物之间的沸点差要大，便于回收和再生。

④ 价格低廉，安全（如无毒、闪点高）。常用的萃取剂有乙酸乙酯和乙酸丁酯等。

例如，化工生产中常用丙烷萃取润滑油中的石蜡。制药企业生产中也常用萃取，如青霉素的生产，就是先用玉米发酵得到的含青霉素的发酵液，再用醋酸丁酯为萃取剂，经过多次萃取得到青霉素的浓溶液等。

工业上，萃取是在塔中进行。塔内有多层筛板，萃取剂从塔顶加入，混合原料在塔部输入。它们在上升与下降过程中可以充分混合，反复萃取。萃取方式有单级萃取、多级错流萃

取、多级逆流萃取。近 20 年来研究溶剂萃取技术与其他技术相结合从而产生了一系列新的分离技术，例如，微波辅助萃取、逆胶束萃取、超临界萃取、液膜萃取等。

4.5 相平衡

相平衡是指相与相之间的动态平衡，如固液平衡。相平衡是热力学在化学领域中的重要应用之一。相平衡是研究状态随温度、压力、组成的改变而改变的规律，常用相图表示。

4.5.1 基本概念

1. 相

体系内物理和化学性质完全均匀的部分称为相。对于多组分体系，均匀是指分散程度达到分子、原子、离子级别。相与相之间有明显的界面，在界面上宏观性质会发生飞跃式改变。例如，冰水混合物中水和冰的物理性质不同，是两相。体系中相的总数称为相数，用 Φ 表示。

（1）气体，不论有多少种气体混合，只有一个气相。

（2）液体，按其互溶程度可以组成一相（完全互溶，如乙醇和水的混合物）、两相（如 CCl_4 和水的混合物）或三相共存。

（3）固体，一般有一种固体便有一个相。两种固体粉末无论混合得多么均匀，仍是两个相（固体溶液除外，它是单相），同一物质不同晶型也各成一相。

2. 自由度

确定平衡体系的状态所必需的独立强度变量的数目称为自由度，用符号 f 表示。这些强度变量通常是压强、温度和浓度等。

如果已指定某个强度变量，除该变量以外的其他强度变量数称为条件自由度，用符号 f^* 表示。例如：指定了压力，$f^* = f-1$，指定了压力和温度，$f^* = f-2$。

3. 独立组分数

在平衡体系所处的条件下，能够确保各相组成所需的最少独立物种数称为独立组分数，用符号 C 表示。它的数值等于体系中所有物种数 S 减去体系中独立的化学平衡数 R，再减去各物种间的浓度限制条件 R'。

$$C=S-R-R' \tag{4.19}$$

式中　S——系统中的物种数；

R——独立化学平衡数；

R'——浓度限制条件。

4.5.2　相律

相律是相平衡体系中揭示相数 ϕ，独立组分数 C 和自由度 f 之间关系的规律，可用下式表示：

$$f=C-\phi+2 \tag{4.20}$$

式中 2 通常指 T、p 两个变量。相律最早由 Gibbs 提出，所以又称为 Gibbs 相律。如果除 T、p 外，还受其他力场影响，则 2 改用 n 表示，即

$$f=C-\phi+n \tag{4.21}$$

若指定了 T 或 p 中任意一个变量，或者为凝聚系统（压力影响小，可忽略），则有

$$f=C-\phi+1 \tag{4.22}$$

【例 4.8】求下列系统的独立组分数为和自由度数。

（1）在 N_2, H_2 和 NH_3 组成的系统中，存在 $N_2(g)+3H_2(g) \longrightarrow 2NH_3(g)$的平衡，且系统中 $N_2(g) : H_2(g) = 1 : 3$。

（2）将 $NH_4HS(s)$放入真空容器中，并与其分解产物 $NH_3(g)$和 $H_2S(g)$达到平衡。

（3）在系统（2）中再额外加入少量 $NH_3(g)$。

解：（1）因为系统中有 N_2, H_2 和 NH_3 三种物质，故 $S = 3$，这三种物质存在平衡关系 $N_2(g)+3H_2(g) \longrightarrow 2NH_3(g)$，故 $R = 1$，且系统中 $N_2(g) : H_2(g)= 1 : 3$ 与化学计量比相同，故 $R' = 1$，因此有

$$C=S-R-R'=3-1-1=1$$

又系统中只存在气相，即 $\phi=1$，故有

$$f=C-\phi+2=1-1+2=2$$

（2）因为系统中有 $NH_4HS(s)$，$NH_3(g)$和 $H_2S(g)$三种物质，故 $S = 3$，这三种物质存在平衡关系 $NH_4HS(s) \longrightarrow NH_3(g)+H_2S(g)$，故 $R = 1$，且系统中 $NH_3(g)$、$H_2S(g)$均为气相，且摩尔比为 $= 1 : 1$，故 $R' = 1$，因此有

$$C=S-R-R'=3-1-1=1$$

又系统中存在气相和固相 NH_4HS（s），即 $\phi=2$，故有

$$f=C-\phi+2=1-2+2=3$$

（3）在系统（2）中再额外加入少量 NH_3(g)后，NH_3(g)、H_2S(g)之间的特殊浓度关系不再存在，此时 $R'=0$；但化学平衡关系依然存在，故 $R=1$；因此有

$$C=S-R-R'=3-1-0=2$$

又系统中存在气相和固相 NH_4HS(s)，即 $\phi=2$，故有

$$f=C-\phi+2=2-2+2=2$$

4.6 单组分体系

相图是表达体系的状态如何随温度、压力、组成等强度性质变化而变化的图形。我们研究事物的规律是由易到难，单组分体系是研究多组分体系的基础，因此，本节我们讨论单组分体系。

4.6.1 单组分体系的相数与自由度

对于单组分体系有，$C=1$，根据相律 $f=C-\phi+2=3-\phi$ 有 $f+\phi=3$，故

（1）当 $\phi=1$，$f=2$，即 T、p 可独立变化；

（2）当 $\phi=2$，$f=1$，即 T、p 中只有一个独立变化，指定了 p，则 T 由体系自定；

（3）当 $\phi=3$，$f=0$，无变量体系，即 T、p 都不能独立变化，由体系自定。

由此可知，对单组分体系最多只能有两个独立的强度变量，即 T、p 两个强度性质，可用平面图以温度和压强为坐标，画出单组分体系的相图。

4.6.2 水的相图

水的相图是根据实验绘制的。其相图如图 4.2 所示，图上有

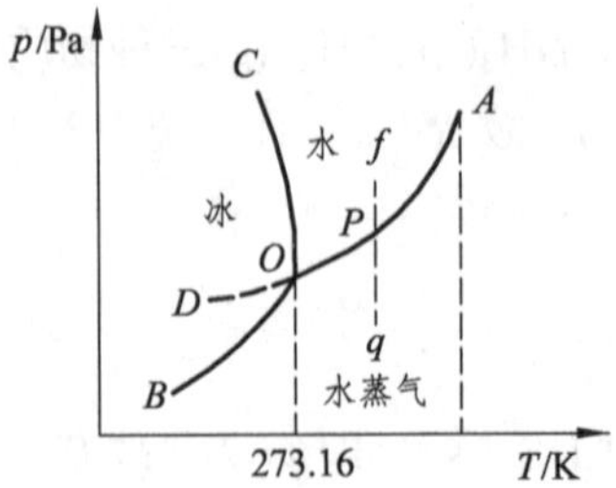

图 4.2 水的相图

（1）相点与物系点。

表示某个相状态（如相态、组成、温度等）的点称为**相点**。如图 4.2 中的点 *O*、*P* 等。相图中表示体系总状态的点称为**物系点**。在图 4.2 中，物系点可以沿着与压强 p 坐标平行的垂线上、下移动；如 f、q 点。在单相区，物系点与相点重合，如 *P* 点既是相点也是物系点；在两相区中，只有物系点，它对应的两个相的组成由对应的相点表示。

（2）三个单相区。

图 4.2 中有气、液、固三个单相区，分别为 *BOA*、*AOC*、*COB*。在单相区内，$\phi=1$，$f=2$，即 T、p 可独立变化，温度和压力可独立地有限度地变化而不会引起相的改变。也就是说必须同时指定 T、p 两个变量，才能确定体系的状态。

（3）三条两相平衡线。

$\phi=2$，$f=1$压力与温度只能改变一个，指定了压力，则温度由体系自定。如 *OA*、*OB*、*OC*。

OA 是气–液两相平衡线，即水的蒸气压曲线，表示气–液两相平衡时，水的饱和蒸气压与温度的对应关系。如图可知，水的饱和蒸气压随着温度的升高而增大。它不能任意延长，终止于临界点。临界点的温度和压强由体系自身决定。水的临界点的温度及压强分别为 $T=647\ \mathrm{K}$，$p=2.23\times10^{7}\ \mathrm{Pa}$，此时气–液界面消失。高于临界温度，不能用加压的方法使气体液化。

OB 是气–固两相平衡线，即冰的升华曲线，表示冰的饱和蒸气压与温度的对应关系。如图可知，冰的饱和蒸气压也是随着温度的升高而增大。理论上可延长至 0 K 附近。

OC 是液–固两相平衡线，表示冰的熔点（或水的凝固点）与压强的关系，故也称为熔化（凝固）曲线。与 *OA*、*OB* 不同，*OC* 向左略微倾斜，斜率为负，说明冰的熔点随着压强的增大而略微减小。大多数物质的熔点随压强的增大而略有增大，只有水等少数物质例外。当 *C* 点延长至压力大于 $p=2\times10^{8}$ Pa 时，相图变得复杂，有不同结构的冰生成，称为“同质多晶现象”。

OD 是 *AO* 的延长线，是过冷水和水蒸气的介稳平衡线。因为在相同温度下，过冷水的蒸气压大于冰的蒸气压，所以 *OD* 线在 *OB* 线之上。所谓介稳，是指过冷水处于不稳定状态，其稳定性较低，一旦有凝聚中心出现，就立即全部变成冰。

（4）两相平衡线上的相变过程。

在两相平衡线上的任何一点都可能有三种情况。如 *OA* 线上的 *P* 点：

① 处于 f 点的纯水，保持温度不变，逐步减小压力，在无限接近于 *P* 点之前，气相尚未形成，体系自由度为 2。用升压或降温的办法保持液相不变。

② 到达 *P* 点时，气相出现，在气–液两相平衡时，压力与温度只有一个可变。

③ 继续降压，离开 *P* 点时，最后液滴消失，成单一气相。

（5）三相点。

三条两相平衡线的交点 *O* 是三相点，此时，气（水蒸气）–液（水）–固（冰）三相共存，$\phi=3$，$f=0$。三相点的温度和压力由体系自身决定。H_2O 的三相点温度为 273.16 K，压力为 610.62 Pa。

三相点与冰点的区别：三相点的温度和压力由体系自身决定，是物质自身的特性，不能加以改变，如 H_2O 的三相点 $T = 273.16$ K，$p = 610.62$ Pa。而冰点是水与冰两相平衡时的温度。当大气压为 10^5 Pa 时，水的冰点为 $T = 273.15$ K，改变外压，冰点也随之改变。冰点温度比三相点温度低 0.01 K 是由两种因素造成的：① 因外压增加，使凝固点下降 0.007 48 K；② 因水中溶有空气，使凝固点下降 0.002 41 K。

4.6.3　克劳修斯–克拉贝龙方程

单组分两相平衡时，温度和压强间存在着一定的关系，如水的相图中的三条两相平衡线，当确定了温度，对应的压强也随之确定下来。这种对应关系也可以用克劳修斯–克拉贝龙方程，简称克–克方程。

$$\frac{\mathrm{d}p}{\mathrm{d}T}=\frac{\Delta_{\alpha}^{\beta}H_{\mathrm{m}}}{T\Delta_{\alpha}^{\beta}V_{\mathrm{m}}} \tag{4.23}$$

式中　$\frac{\mathrm{d}p}{\mathrm{d}T}$——饱和蒸气压（或升华压）随温度的变化率；

$\Delta_{\alpha}^{\beta}H_{\mathrm{m}}$——摩尔相变焓；

T——相变温度；

$\Delta_{\alpha}^{\beta}V_{\mathrm{m}}$——系统由 α 到 β 相时摩尔体积的变化，$\Delta_{\alpha}^{\beta}V_{\mathrm{m}}=V_{\mathrm{m}}^{\beta}-V_{\mathrm{m}}^{\alpha}$。

式（4.23）可应用于单组分系统任何两相平衡，如凝固，蒸发，升华等。

1. 固–液平衡

对固–液平衡体系，由式（4.23）可得到熔点随压力的变化。

$$\frac{\mathrm{d}T}{\mathrm{d}p}=\frac{T\Delta_{\mathrm{s}}^{\mathrm{l}}V_{\mathrm{m}}}{\Delta_{\mathrm{s}}^{\mathrm{l}}H_{\mathrm{m}}} \tag{4.24}$$

式中　$\frac{\mathrm{d}T}{\mathrm{d}p}$——熔点随压力的变化率；

T——相变温度；

$\Delta_{\mathrm{s}}^{\mathrm{l}}V_{\mathrm{m}}$——熔化时的摩尔体积的变化；

$\Delta_{\mathrm{s}}^{\mathrm{l}}H_{\mathrm{m}}$——摩尔熔化焓，即固体熔化时的摩尔相变焓。

2. 液–气平衡与固–气平衡

对液–气平衡体系，由式（4.23）可得

$$\frac{\mathrm{d}p}{\mathrm{d}T}=\frac{\Delta_{\mathrm{l}}^{\mathrm{g}}H_{\mathrm{m}}}{T\Delta_{\mathrm{l}}^{\mathrm{g}}V_{\mathrm{m}}}=\frac{\Delta_{\mathrm{l}}^{\mathrm{g}}H_{\mathrm{m}}}{T(V_{\mathrm{m}}^{\mathrm{g}}-V_{\mathrm{m}}^{\mathrm{l}})} \tag{4.25}$$

由于 $V_m^g >> V_m^l$，$V_m^g - V_m^l \approx V_m^g$，又因液体的饱和蒸气压一般比大高，可将蒸气看作是理想气体，根据理想气体状态方程有 $V_m^g = \frac{RT}{p}$，代入式（4.25）有

$$\frac{dp}{dT} = \frac{\Delta_l^g H_m}{T\Delta_l^g V_m} = \frac{\Delta_l^g H_m}{T(V_m^g - V_m^l)} = \frac{p\Delta_l^g H_m}{RT^2}$$

$$d\ln p = \frac{\Delta_l^g H_m}{RT^2} dT \qquad (4.26)$$

在温度变化不大时，$\Delta_l^g H_m$ 可认为是常数，将上式 $T_1 \sim T_2$ 定区间积分，得定积分式

$$\ln\frac{p_2}{p_1} = -\frac{\Delta_l^g H_m}{R}\left(\frac{1}{T_2} - \frac{1}{T_1}\right) \qquad (4.27)$$

【例 4.9】实验测得水在 373.15 K 和 298.15 K 下的蒸气压分别为 101.325 kPa 和 3.17 kPa，试计算水的平均摩尔气化焓。

解：根据式（4.27）可得

$$\Delta_{vap} H_m = \frac{RT_1T_2}{T_1 - T_2}\ln\frac{p_1^*}{p_2^*}$$

$$= \frac{8.3145\ J\cdot K^{-1}\cdot mol^{-1} \times 298.15\ K \times 373.15\ K}{298.15\ K - 373.15\ K}\ln\frac{3.17\ kPa}{101.325\ kPa}$$

$$= 42.731\ kJ\cdot mol^{-1}$$

式（4.25）~（4.27）对固–气平衡也同样适用。

4.6.4 水的相图应用

由水的相图（图 4.2）中蒸汽压曲线 OA 可知，液体沸点随外压的增大而升高，该规律在化工生产和日常生活均发挥着极大的作用。在化工生产中就是利用这个原理采用减压蒸馏，依靠减压降低沸点，来提纯那些在正常沸点前就分解的物质，从而达到提纯的目的。同理，在日常生活中，我们常用高压锅来煲汤，就是为了加大平衡外压，使水的沸点升高，缩短煲汤的时间。

从相图 4.2 上看，使温度低于三相点，再将压力降至 OB 线以下，冰可以不经过熔化而直接蒸发成气体，即升华。三相点的压力是确定升华提纯的重要数据。在精细化工、医药化工、食品加工中可以通过升华从冻结的样品中去除水分或溶剂，达到冷冻干燥的目的，这就是冷冻干燥的原理，其优点是在较低温度下进行干燥，同时不影响样品的化学结构、生物活性、营养成分，便于长期保存和运输。

4.7 理想的完全互溶双液系相图

对于二组分体系，$C=2$，根据相律有 $f=C-\phi+2=4-\phi$，因为 ϕ 至少为 1，则 f 最多为 3。这三个变量通常是 T、p 和组成 x。所以要表示二组分体系状态图，需用三个坐标的立体图表示。为了研究方便，常保持一个变量为常量，从立体图上得到平面截面图。

（1）保持温度不变，得 $p-x$ 图，较常用。

（2）保持压力不变，得 $T-x$ 图，常用。

（3）保持组成不变，得 $T-p$ 图，不常用。

两个纯液体可按任意比例互溶，每个组分都服从拉乌尔定律，这样组成了理想的完全互溶双液系，或称为理想的液体混合物，如苯和甲苯，正己烷与正庚烷等结构相似的化合物可形成这种双液系。下面以苯 A 和甲苯 B 为例来说明理想的完全互溶双液系的相图。

4.7.1 $p-x(y)$ 图

设 p_A^* 和 p_B^* 分别为液体苯 A 和甲苯 B 在指定温度时的饱和蒸气压，且 $p_A^*>p_B^*$，p 为体系的总蒸气压。由公式（4.12）有，

$$p=p_A+p_B=p_A^*x_A+p_B^*(1-x_A)=(p_A^*-p_B^*)x_A+p_B^*$$

以总压 p 对液相组成 x_A 作图，就可得到压强–组成图，即 $p-x$ 图。由于温度一定时，液体的饱和蒸气压一定，由上式可知，等温 $p-x$ 图为一条直线，见图 4.3（a）。由于 $p_A^*>p_B^*$，$0<x_A<1$，故理想溶液两相平衡时的蒸气总压总是介于两个组分的饱和蒸气压之间，这也充分说明了稀溶液的蒸气压下降的规律，即 $p_A^*>p>p_B^*$。

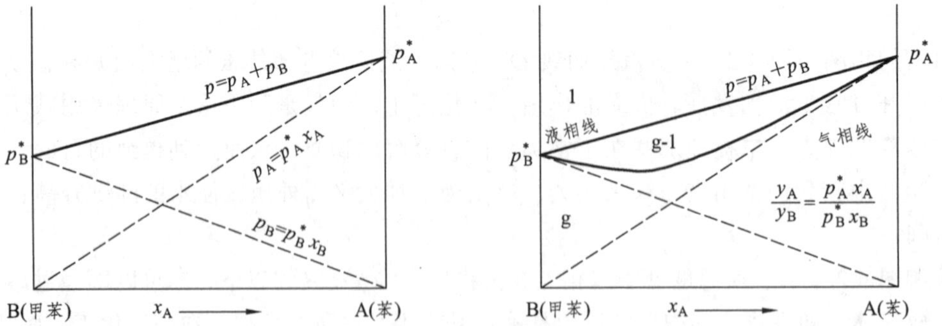

（a）等温 $p-x$ 图　　（b）等温 $p-x-y$ 图

图 4.3　理想完全互溶双液系的等温 $p-x$（a）和等温 $p-x-y$（b）图

已知 p_A^*、p_B^*、x_A 或 x_B，可由式（4.13a）和（4.13 b）求出 A 和 B 的气相组成 y_A 和 y_B，画在 p–x 图上就得 p–x–y 图，如图 4.3（b）所示。

液相线：$p-x_A$ 线，表示蒸气总压随液相组成的变化，是直线。

气相线：$p-y_A$ 线，表示蒸气总压随气相组成的变化，不是直线。

在等温条件下，$p-x-y$ 图分为三个区域。

液相区：在液相线之上，体系压力高于任一混合物的饱和蒸气压，气相无法存在。

气相区：在气相线之下，体系压力低于任一混合物的饱和蒸气压，液相无法存在。

气液两相平衡区：液相线与气相线之间的区域。当体系处于这个区内，则处于气液两相平衡状态。

4.7.2　$T-x(y)$ 图

$T-x(y)$ 图也称为沸点–组成图。当溶液的蒸气压等于外压时，溶液会沸腾，此时的温度称为沸点。某组成的饱和蒸气压越高，其沸点越低，反之亦然。$T-x$ 图在讨论蒸馏时和化工精馏操作中十分有用，因为蒸馏和精馏通常在等压下进行。$T-x$ 图可以从实验数据直接绘制。也可以从已知的 $p-x$ 图求得。

图 4.4（a）为已知的苯与甲苯在 4 个不同温度时的 $p-x$ 图。在压力为 $p^\ominus$ 处作一水平线，与各不同温度时的液相组成线分别交在 x_1、x_2、x_3 和 x_4 各点，代表了组成与沸点之间的关系，即组成为 x_1 的液体在 381 K 时沸腾，余类推。将组成与沸点的关系标在下一张以温度和组成为坐标的图上，就得到了 $T-x$ 图 4.4（b）的液相线。将 x_1、x_2、x_3 和 x_4 的对应温度连成曲线就得液相组成线。T_B^* 和 T_A^* 分别为甲苯和苯的沸点。显然 p^* 越大，T^* 越低。用公式（4.13）求出对应的气相组成线。绘制在 $T-x$ 图上就得到了 $T-x-y$ 图，如图 4.4（b）所示。

在 $T-x-y$ 图上，气相线在上，液相线在下，上面是气相区，下面是液相区，梭形区是气–液两相区。具体分析如下：

液相线：$T-x$ 线，沸点随液相组成的变化曲线，一定组成的溶液升高到线上温度时起泡沸腾，故也称为“泡点线”。

气相线：$T-y$ 线，饱和蒸气组成与温度的关系曲线，一定组成的气体降温到线上温度时开始冷凝，如变成露水一样，故也称为“露点线”。

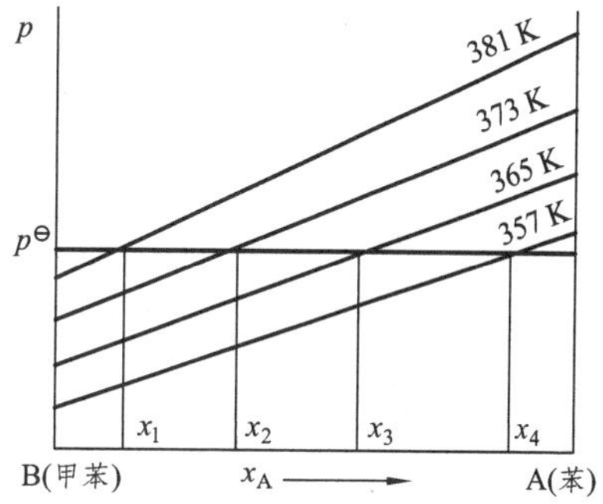

（a）等温 $p-x$ 图

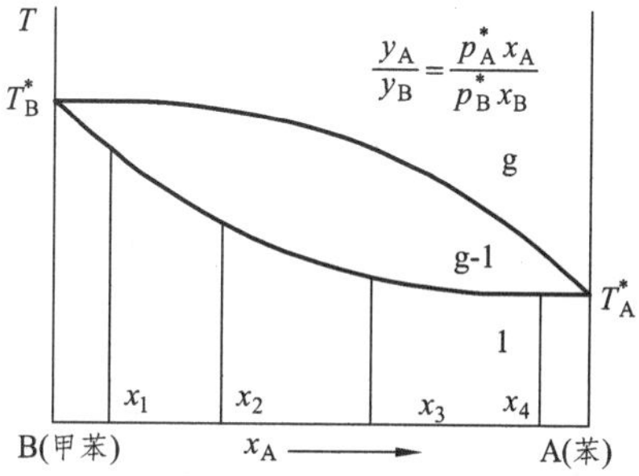

（b）等温 $T-x-y$ 图

图 4.4　由等温 $p-x$ 图（a）求对应的等温 $T-x-y$ 图（b）

液相区：液相线以下的区域。当体系组成和温度处于液相区时，因为温度低于该组成溶液的沸点，所以全部为液体。

气相区：气相线以上的区域。当体系组成和温度处于气相区时，全部为气体。

气液两相平衡区：气相线和液相线包围的区域为气液两相平衡区。当体系状态点在此区域时为气液两相平衡。

4.7.3　杠杆规则

如图 4.5 所示，经过物系点（如点 C）做水平线与气相线和液相线的交点称为相点（如点 E、D），各相的组成由相点读出。无论是体系总组成还是物系点对应的组成，均只决定于平衡温度，而与总组成无关，两相的数量比则由杠杆规则确定。

杠杆规则是在相图中用来计算处于平衡的两相的相对数量的规则。如图 4.5 所示，在 T–x 图的两相区，物系点 C 代表了体系总的组成和温度，设其物质的量为 n。通过 C 点作平行于横坐标的等温线，与液相和气相线分别交于 D 点和 E 点。DE 线称为等温连接线。落在 DE 线上所有物系点的对应的液相和气相组成，均由 D 点和 E 点的组成表示，设其对应的物质的量分别为 n_l 和 n_g。则有 $n=n_l+n_g$。

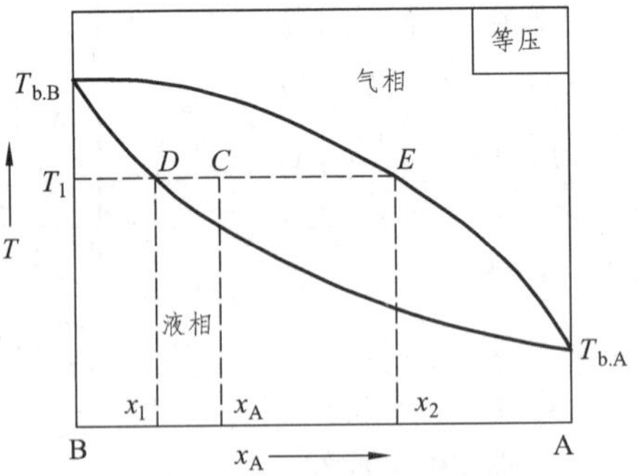

图 4.5　杠杆规则在 $T-x$ 图中的应用

与力学中的杠杆规则类似，以物系点 C 为支点，支点两边连接线的长度为力矩，计算液相和气相的物质的量 x_1、x_2，这就是可用于任意两相平衡区的杠杆规则。即

$$n_l\overline{CD}=n_g\overline{CE} \tag{4.28}$$

$$n_l(x_A-x_1)=n_g(x_2-x_A) \tag{4.29}$$

由此可计算两相的相对量。如果把上式中的物质的量换成质量，相图中物质的量分数换成质量分数，杠杆规则同样也适用。

【例 4.10】在 100 kPa 下，把 100 mol 组成 $x_A=0.64$ 的苯（A）和甲苯（B）的混合溶液加热至 362.6 K 时达到气被平衡。此时气相组成为 0.79，液相组成为 0.6。试计算气液两相中苯和甲苯的物质的量各为多少？

解：根据图 4.5，由杠杆规则有

$$n_1(x_A - x_1) = n_g(x_2 - x_A)$$

$$n_1(0.64 - 0.6) = n_g(0.79 - 0.64)$$

又因为 $$n = n_1 + n_g = 100$$

联立上述两个方程，解得

$$n_1 = 91$$

$$n_g = 19$$

气相中苯的物质的量

$$n_A = n_g y_A = 0.79 \times 19 = 15$$

气相中甲苯的物质的量

$$n_B = n_g y_B = (1 - 0.79) \times 19 = 4$$

或 $$n_B = n_g - n_A = 19 - 15 = 4$$

液相中苯的物质的量

$$n_A = n_L x_A = 0.6 \times 91 = 54.6$$

液相中甲苯的物质的量

$$n_B = n_L x_B = (1 - 0.6) \times 91 = 36.4$$

或 $$n_B = n_g - n_A = 91 - 54.6 = 36.4$$

4.7.4 蒸馏及精馏原理

在实验室或化工制药生产中，常用简单蒸馏或精馏来分离二组分溶液。

如图 4.6 所示，在 A 和 B 的 $T - x$ 图上，纯 A 的沸点高于纯 B 的沸点，说明蒸馏时气相中 B 组分的含量较高，液相中 A 组分的含量较高。如有一组成为 x_1 的 A、B 二组分溶液，加热到 T_1 时开始沸腾，与之平衡的气相组为 y_1，显然含 B 量显著增加。将组成为 y_1 的蒸气冷凝，液相中含 B 量下降，组成沿 OA 线上升，沸点也升至 T_2，这时对应的气相组成为 y_2。接收 $T_1 - T_2$ 间的馏出物，组成在 y_1 与 y_2 之间，剩余液组成为 x_2，A 含量增加。一次简单蒸馏，馏出物中 B 含量会显著增加，剩余液体中 A 组分会增多。这样，就可以将 A 与 B 粗略分开。

简单蒸馏只能把双液系中的 A 和 B 粗略分开。**精馏**是多次简单蒸馏的组合，能将 A 和 B

分离得较完全，最后几乎能得到纯的 A 和 B。

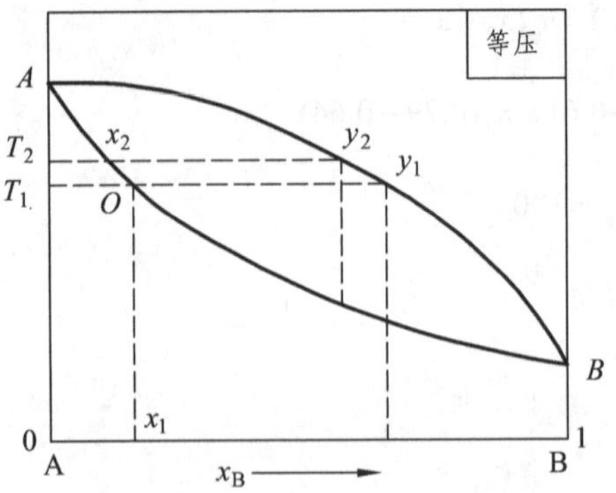

图 4.6　简单蒸馏过程中 $T-x$ 示意图

化工制药工业上精馏过程是在精馏塔完成的连续过程。精馏塔有多种类型，图 4.7 所示的是泡罩式塔板状精馏塔的示意图，精馏塔底部是加热区，温度最高；塔顶温度最低。

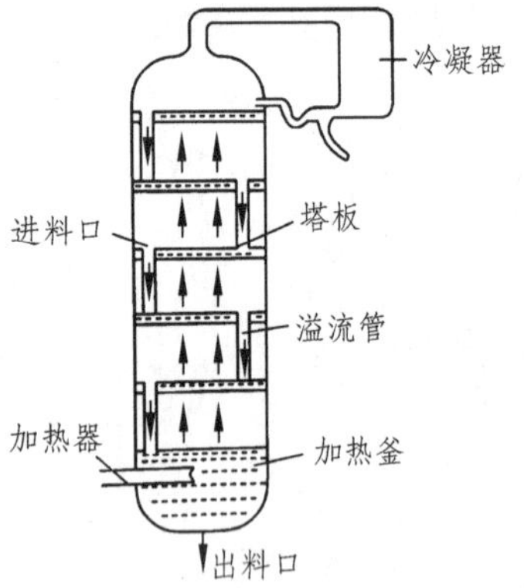

图 4.7　泡罩式精馏塔示意图

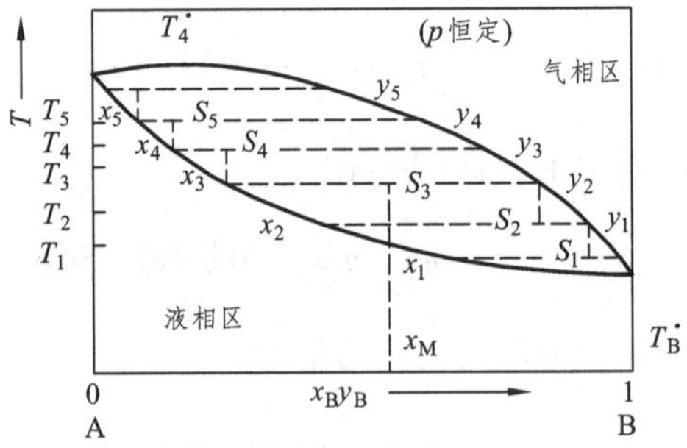

图 4.8　精馏过程中 $T-x$ 示意图

如图 4.8 所示，取组成为 x 的混合物从精馏塔的半高处加入，这时温度为 T_4，物系点为 O，对应的液、气相组成分别为 x_4 和 y_4。组成为 y_4 的气相在塔中上升，温度降为 T_3，有部分组成为 x_3 的液体凝聚，气相组成为 y_3，含 B 的量增多。组成为 y_3 的气体在塔中继续上升，温度降为 T_2，如此继续，到塔顶，温度为纯 B 的沸点，蒸气冷凝物几乎是纯 B。

组成为 x_4 的液相在塔板冷凝后滴下，温度上升为 T_5。又有部分液体气化，气相组成为 y_5，剩余的组成为 x_5 的液体再流到下一层塔板，温度继续升高。如此继续，在塔底几乎得到的是纯 A，这时温度为 A 的沸点。

精馏塔中的必须塔板数可通过理论计算得到。每一个塔板上都经历了一个热交换过程：蒸气中的高沸点物在塔板上凝聚，放出凝聚热后，流到下一层塔板，液体中的低沸点物得到热量后升入上一层塔板。其结果是，塔顶冷凝收集的是纯低沸点组分，纯高沸点组分则留在塔底。

习　题

一、判断题

1. 利用稀溶液的依数性可测定溶剂的分子量。

2. 水溶液的蒸气压一定小于同温度下纯水的饱和蒸气压。

3. 纯物质的熔点一定随压力升高而增加，蒸气压一定随温度的增加而增加，沸点一定随压力的升高而升高。

4. 理想稀溶液中溶剂分子与溶质分子之间只有非常小的作用力，以至可以忽略不计。

5. 当温度一定时，纯溶剂的饱和蒸气压越大，溶剂的液相组成也越大。

6. 根据相律，单组分体系相图只能有唯一的一个三相共存点。

7. 自由度就是可以独立变化的变量。

8. 相图中的点都是代表系统状态的点。

9. 恒定压力下，根据相律得出某一系统的 $f=1$，则该系统的温度就有一个唯一确定的值。

10. 单组分系统的相图中两相平衡线都可以用克拉贝龙方程定量描述。

二、单选题

1. 两液体的饱和蒸汽压分别为 p_A^*、p_B^*，它们混合形成理想溶液，液相组成为 x，气相组成为 y，若 $p_A^* > p_B^*$，则（　　）。

A. $y_A > x_A$　　B. $y_A > y_B$　　C. $x_A > y_A$　　D. $y_B > y_A$

2. 关于亨利系数，下列说法中正确的是（　　）。

A. 其值与温度、浓度和压力有关

B. 其值与温度、溶质性质和浓度有关

C. 其值与温度、溶剂性质和浓度有关

D. 其值与温度、溶质和溶剂性质及浓度的标度有关

3. 某溶液主要决定于溶解在溶液中粒子的数目，而不决定于这些粒子的性质的特性叫（　　）。

A. 一般特性　　B. 依数性特征　　C. 各向同性特征　　D. 等电子特性

4. 两只各装有 1kg 水的烧杯，一只溶有 0.01 mol 蔗糖，另一只溶有 0.01 molNaCl，按同样速度降温冷却，则（　　）。

A. 溶有蔗糖的杯子先结冰　　B. 两杯同时结冰

C. 溶有 NaCl 的杯子先结冰　　D. 视外压而定

5. 液体 B 比液体 A 易于挥发，在一定温度下向纯 A 液体中加入少量纯 B 液体形成稀溶液，下列几种说法中正确的是（　　）。

A. 该溶液的饱和蒸气压必高于同温度下纯液体 A 的饱和蒸气压

B. 该液体的沸点必低于相同压力下纯液体 A 的沸点

C. 该液体的凝固点必低于相同压力下纯液体 A 的凝固点（溶液凝固时析出纯固态 A）

D. 该溶液的渗透压为负值

6. 在 410 K，Ag_2O（s）部分分解成 Ag（s）和 O_2（g），此平衡体系的自由度为（　　）。

A. 0　　B. 1　　C. 2　　D. –1

7. 当克劳修斯-克拉贝龙方程应用于凝聚相转变为蒸气时，则（　　）。

A. p 必随 T 之升高而降低　　B. p 必不随 T 而变

C. p 必随 T 之升高而变大　　D. p 随 T 之升高可变大或减少

三、计算题

1. 已知 373 K 时液体 A、B 的饱和蒸气压分别为 133.24 kPa、66.62 kPa。设 A 和 B 形成理想溶液，当溶液中 A 的物质的量分数为 0.5 时，求气相中 A 的物质的分数。

2. 北方地区为防止汽车发动机水箱冻结常在水中加入乙二醇作抗冻剂。若要使水的凝固点下降到–20℃，求每千克水中应加乙二醇的质量。已知水的 $K_f = 1.86\ K \cdot kg \cdot mol^{-1}$，乙二醇的摩尔质量为 $62\ g \cdot mol^{-1}$。

3. 已知 $H_2O(l)$在正常沸点时的气化热为 $40.67\ kJ \cdot mol^{-1}$，某挥发性物质 B 溶于 $H_2O(l)$后，其沸点升高 10 K，求该物质 B 在溶液中的物质的量。

4. 在 101.32 kPa 时，使水蒸气通入固态碘(I_2)和水的混合物，蒸馏进行的温度为 371.6 K，使馏出的蒸气凝结，并分析馏出物的组成。已知每 0.10 kg 水中有 0.081 9 kg 碘。试计算该温度时固态碘的蒸气压。

5. 乙醇和甲醇组成理想溶液，在 293 K 时纯乙醇的饱和蒸气压为 5 933 Pa，纯甲醇的饱和蒸气压为 11 826 Pa。（1）计算甲醇和乙醇各 100 g 所组成的溶液中，乙醇的物质的量 $x_{乙}$；（2）求溶液的总蒸气压 $p_{总}$ 与两物质的分压 $p_{甲}$、$p_{乙}$；（3）甲醇在气相中的物质的量 $y_{甲}$。已知甲醇和乙醇的相对分子质量为 32 和 46。

6. 已知人类血浆的凝固点为 272.65 K（–0.5 ℃），求（2）310.15 K（37 ℃）时血浆的渗透压。（2）在 37 ℃时的葡萄糖等渗溶液（与血浆渗透压相同）的质量摩尔浓度（设血浆的密度为 $1\ 000\ kg \cdot m^{-3}$）。

7. 152 g 苯由于其中添加了 7.7 g 非挥发性溶质后，其沸点升高了，但是由于使周围的压力降低了 2.553 kPa，沸点又到正常沸点温度，计算溶质的相对分子质量（已知苯的相对分子质量为 78）。

8. 指出下列平衡体系的组分数及自由度数。

9. （1）真空容器中 $CaCO_3$ 分解并达到平衡。

（2）在密封容器中，$MgCO_3$（s）部分分解为 MgO（s）和 CO_2（g）并达成平衡。

（3）在 300 ℃时将一定量的 C_2H_5OH 放入密闭容器内，并建立以下平衡

$$C_2H_5OH \longrightarrow CH_2 = CH_2 + H_2O$$

（4）在 $p = 100$ kPa 下的$(NH_4)_2SO_4(s)$，$H_2O(s)$及溶液。

10. 已知固体苯在 273.15 K、293.15 K 时的蒸气压分别为 3.27 kPa，12.303 kPa，液体苯在 293.15 K 时的蒸气压为 10.021 kPa，液体苯的摩尔蒸发热为 $34.17\ kJ \cdot mol^{-1}$。求：（1）303.15 K 时液体苯的蒸气压。（2）苯的摩尔升华热。（3）苯的摩尔熔化热。

5 第五章　电化学

学习要求

（1）掌握常见可逆电极的构成，能正确写出电极反应和电池反应，能将反应设计成电池。
（2）掌握能斯特方程、电极电势、电池电动势的计算及电池电动势测定的应用。
（3）理解电解池、原电池的构成和法拉第定律及有关计算。
（4）理解电导、电导率、摩尔电导率的概念、影响因素，掌握有关计算。
（5）理解离子独立移动定律、电导测定的应用。
（6）理解电解质溶液的活度、活度系数和离子的平均活度、离子的平均活度系数等概念。
（7）了解德拜-休克尔极限公式。
（8）了解电极极化、超电势产生的原因和结果及电解时的电极反应。

电化学是物理化学的重要分支，是研究化学现象与电现象之间关系的科学。电化学原理目前已广泛应用于化工、医药、能源等各个领域，已逐步发展成为一门独立的学科。

5.1 电化学的基本概念和法拉第定律

5.1.1　导体

导体顾名思义是指能导电的物质，也称为导电体，根据导电的微粒不同一般可分为电子导体和离子导体。电子导体是依靠自由电子的定向运动而导电，如金属、石墨和某些固体金属化合物等；离子导体是依靠离子的定向运动而导电，如电解质溶液和熔融状态的电解质等。

将电子导体作为电极浸入电解质溶液，从而形成了电极与溶液之间的直接接触，当电流通过溶液时，在两类导体相接触的界面，通过得、失电子的电极反应来实现两类导体导电形式的过渡。

5.1.2 原电池和电解池

原电池和电解池是实现化学能和电能相互转换的两种装置。

1. 原电池

原电池是利用两电极的电极反应自发地将化学能转变为电能的装置。下面我们以最典型的原电池——铜-锌原电池为例来说明其组成及产生电流的原理。

如图 5.1 所示，将铜片和锌片分别插入浓度为 1 mol·L^{-1} 的 $CuSO_4$ 溶液中。当用导线将铜片和锌片连接后，在阳极（锌极）上发生失去电子的氧化反应，给出的电子通过外电路流向阴极（铜极），电流则从阴极经电路流向阳极；在阴极上 Cu^{2+}发生结合电子的还原反应。两电极会发生氧化还原反应，同时有电流通过电池。

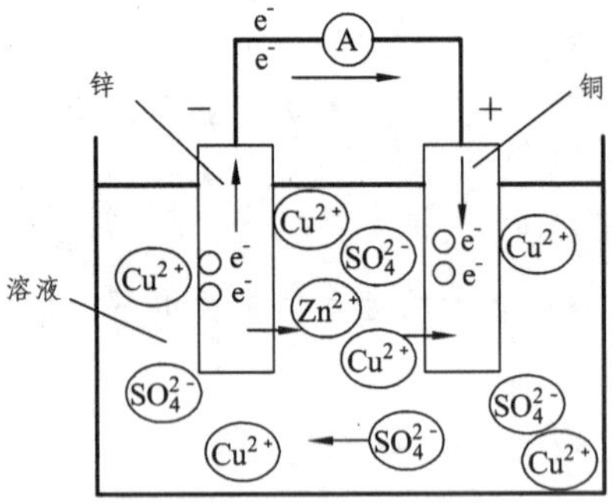

图 5.1 原电池示意图

电化学中规定，发生氧化反应的电极为阳极，发生还原反应的电极为阴极。又根据电势的高低，将电极分为正极和负极，电势高的为正极，电势低的为负极。原电池的阴极为正极，阳极为负极。

铜-锌电池的电极反应为

负极（阳极）$Zn(s) \longrightarrow Zn^{2+}(a)+2e^-$

正极（阴极）$Cu^{2+}(a)+2e^- \longrightarrow Cu(s)$

这种在电极上进行的有电子得失的化学反应称为电极反应，两个电极反应之和则称为电池反应。铜-锌原电池的电池反应为

$$Cu^{2+}(a)+Zn \longrightarrow Cu(s)+Zn^{2+}$$

2. 电解池

电解池是利用电能以发生化学反应将电能转化为化学能的装置。下面以两个铂电极浸入溶液形成的电解池为例，来了解电解质溶液的导电机理。

如图 5.2 所示，当直流电源与两电极连接时，电子从电源的负极经外电路流向阴极，在阴极和电解质溶液的界面上发生阳离子结合电子的还原反应，即

$$Cu^{2+} + 2e^{-} \longrightarrow Cu$$

同时，在阳极和电解质溶液的界面上则发生阴离子失去电子的氧化反应。即

$$2Cl^{-} \longrightarrow Cl + 2e^{-}$$

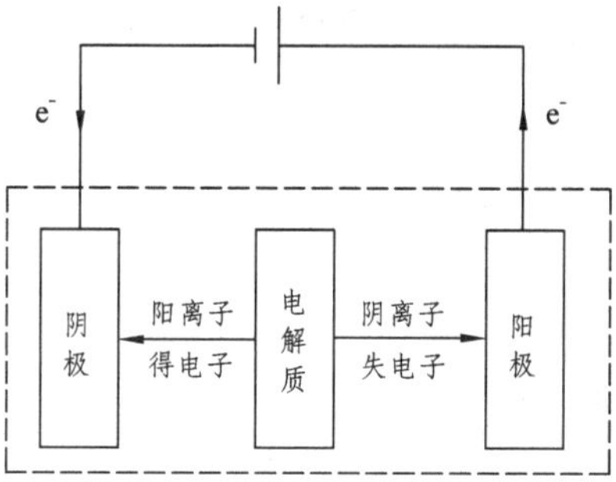

图 5.2　电解池示意图

与此同时，在外电场作用下，溶液中的正离子向阴极迁移，负离子向阳极迁移，即电流通过电解池由正极流向负极。由此可知，电解质溶液的导电过程包括电极反应及电解质溶液中正、负离子的定向迁移。这就是电解质溶液的导电机理。

5.1.3　法拉第定律

1833 年法拉第根据大量电解实验提出了法拉第定律：电流通过电解质溶液时，在电极上发生化学反应的某物质的物质的量与通入的电量成正比；同一时间间隔内通过任一截面的电量相等。即

$$Q = n_e F = z n_B F \tag{5.1}$$

式中　Q——电量，C；

n_e——通过电解质溶液的电子的物质的量，mol；

n_B——发生电极反应的物质 B 的物质的量，mol；

z——电极反应化学计量式中电子的计量数；

F——法拉第常数，指 1 mol 电子所带的电量。其数值如下：

$$F = Le = 6.022\times10^{23}\ \text{mol}^{-1}\times1.6022\times10^{-19}\ \text{C}$$

$$= 96\,485.309\ \text{C}\cdot\text{mol}^{-1} \approx 96\,500\ \text{C}\cdot\text{mol}^{-1}$$

法拉第定律是电化学的基本定律，没有使用条件的限制。可以用于电解和电镀中计算电解产品的产量或所需的电量。

在电化学实验中，实验越精确，所得数据与法拉第定律的计算值就越吻合。

【例 5.1】在 $CuCl_2$ 电镀溶液中，以 10 A 电流电镀 30.00 min。试求阴极上能析出多少克 Cu?

解： 已知 $I = 10$ A，$t = 30.00$ min = 1 800 s，$M(\text{Cu}) = 63.55\ \text{g}\cdot\text{mol}^{-1}$，将 $n_B = m_B / M_B$，$Q = It$，代入式（5.1），整理得

$$m(\text{Cu}) = \frac{ItM(\text{Cu})}{zF} = \frac{10\times1800\times63.55}{2\times96\,500} = 5.93\ (\text{g})$$

即阴极上能析出 5.93 g Cu。

5.2 电解质溶液的电导

5.2.1 电导和电导率

电导是衡量电解质溶液的导电能力的物理量，其符号为 G，其单位为 S（西门子，简称西），常用电阻的倒数来表示。

$$G = \frac{1}{R} \tag{5.2}$$

式中 G——电导，S，$1\ \text{S} = 1\ \Omega^{-1}$；

R——电阻，Ω。

电导率也常用电阻率的倒数来表示，符号为 κ，即

$$G = \frac{1}{R} = \frac{1}{\rho\frac{l}{A}} = \frac{1}{\rho}\cdot\frac{A}{l} = \kappa\frac{A}{l}$$

则有

$$\kappa = G\frac{l}{A} \tag{5.3}$$

式中 A——导体截面积，m^2；

l——导体长度，m；

κ——比例系数，称为电导率，$\text{S}\cdot\text{m}^{-1}$。

由式（5.3）可知，对电子导体而言，电导率指长度为 1m，截面积为 1 m^2 的导体的电导。对电解质溶液而言，电导率是指面积分别为 1 m^2，电极间距离为 1m 的两个平行电极之间的电解质溶液所具有的电导。

5.2.2 摩尔电导率

电解质溶液的电导率与其浓度有关，为了方便比较不同电解质溶液的导电能力，故提出了摩尔电导率。摩尔电导率是指在相距 1m 的两个平行电极之间，放置含有 1 mol 某电解质的溶液所具有的电导，用 Λ_m 表示，单位为 $S\cdot m^2\cdot mol^{-1}$，数学表达式如下：

$$\Lambda_m = \frac{\kappa}{c} \tag{5.4}$$

式中 Λ_m——摩尔电导率，$S\cdot m^2\cdot mol^{-1}$；

κ——电导率，$S\cdot m^{-1}$；

c——电解质溶液物质的量浓度，$mol\cdot m^{-3}$。

在表示电解质的摩尔电导率时，应标明物质的量的基本单元。常用元素符号和结构式表明基本单元。例如，一定条件下 $MgCl_2$，的摩尔电导率为

$$\Lambda_m(MgCl_2) = 0.0258\ S\cdot m^2\cdot mol^{-1}$$

$$\Lambda_m(\frac{1}{2}MgCl_2) = 0.0129\ S\cdot m^2\cdot mol^{-1}$$

即有

$$\Lambda_m(MgCl_2) = 2\Lambda_m(\frac{1}{2}MgCl_2)$$

习惯上，在计算 Λ_m 时，人们常把正、负离子各带有 1 mol 电荷的电解质选作物质的量的基本单元，例如 KCl、$\frac{1}{2}ZnSO_4$、$\frac{1}{3}FeCl_3$ 等。

【例 5.2】 有一电导池，电极的有效面积为 $2\times10^{-4}\ m^2$，两极间距离为 0.10 m，电解质溶液为 MA 的水溶液，浓度为 $30\ mol\cdot m^{-3}$。电极间电势差为 3 V，电流强度为 3 mA 试求电解质 MA 的摩尔电导率。

解：根据式（5.3）$\kappa = G\frac{l}{A}$ 得

$$\kappa = \frac{1}{R}\cdot\frac{1}{A} = \frac{I}{U}\cdot\frac{1}{A} = \frac{0.003\times0.10}{3\times2\times10^{-4}} = 0.5\ (S\cdot m^{-1})$$

则该电解质的摩尔电导率为

$$\Lambda_m = \frac{\kappa}{c} = \frac{0.5}{30} = 1.67\times10^{-2}\ (S\cdot m^2\cdot mol^{-1})$$

5.2.3 电导的测定

电导的测定实际上就是测电阻,可利用惠斯通电桥来测电解质溶液的电阻,如图 5.3 所示。图中 AB 为均匀的滑线电阻，R_z 为可变电阻，T 为检零器，R_x 为待测电阻，R_3 和 R_4 分别为 AC、CB 段的电阻,K 为用以抵消电导池电容的可变电容器,电源使用 1 000 Hz 左右的交流电。测定时，接通电源，选择一定的电阻 R_z，移动接触点 C，直到流经 T 的电流接近于零，此时电桥达到平衡，各电阻之间存在如下关系：

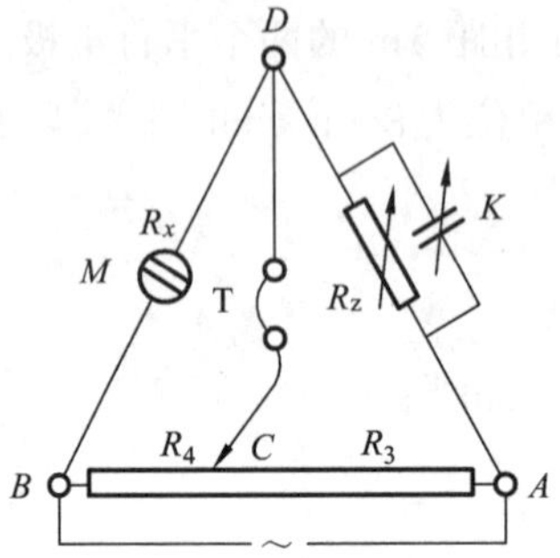

图 5.3　惠斯顿电桥测定电阻示意图

$$\frac{R_z}{R_x}=\frac{R_3}{R_4}$$

故溶液的电导

$$G_x=\frac{1}{R_x}=\frac{R_3}{R_4}\frac{1}{R_z}=\frac{\overline{AC}}{\overline{CB}}\frac{1}{R_z} \tag{5.5}$$

根据式（5.3），待测溶液的电导率为

$$\kappa=G_x\frac{l}{A}=\frac{1}{R_x}\frac{l}{A}$$

对固定的电导池，l/A 为常数，称为电导池常数，用符号 K_{cell} 表示，单位为 m^{-1}，代入有

$$\kappa=GK_{\text{cell}}=\frac{1}{R}K_{\text{cell}} \tag{5.6}$$

式中　κ——电导率，$\text{S}\cdot\text{m}^{-1}$；

　　K_{cell}——电导池常数，$K_{\text{cell}}=l/A$，m^{-1}。

欲测定某一电解质溶液在一定温度下的电导率 κ，须先将一个已知电导率的溶液注入该电导池中，测其电阻值，根据式（5.6）计算出 K_{cell}。然后，再将待测溶液置于此电导池中，测其电阻，即可用式（5.6）计算出待测溶液的电导率，根据式（5.4）计算出摩尔电导率。

用来测定电池常数的电解质溶液通常是 KCl 水溶液，不同浓度 KCl 水溶液的电导率见表 5.1。

表 5.1　298.15K 下不同浓度 KCl 水溶液的电导率

浓度 $c/(\mathrm{mol\cdot m^{-3}})$	10^3	10^2	10	1.0	0.1
电导率 $\kappa/(\mathrm{S\cdot m^{-1}})$	11.19	1.289	0.1413	0.01469	0.001489

【例 5.3】 298.15 K 时，在某电导池充以 0.01000 mol · L^{-1} 的 KCl 溶液。测得其电阻为 112.3 Ω，若改充以同浓度的醋酸溶液，测得其电阻为 2 184 Ω，已知 298.15 K 时 0.010 00 mol ·L^{-1} 的 KCl 溶液电导率为 0.1413 $\mathrm{s\cdot m^{-1}}$。试计算：

（1）此电导池的电池常数 K_{cell}；

（2）醋酸溶液的电导率 $\kappa(\mathrm{CH_3COOH})$ 和摩尔电导率 $\Lambda_{\mathrm{m}}(\mathrm{CH_3COOH})$

解：（1）根据式（5.6），电导池的电池常数为

$$K_{\mathrm{cell}} = \kappa(\mathrm{KCl})\cdot R(\mathrm{KCl}) = 0.1413\times112.3 = 15.87\ (\mathrm{m^{-1}})$$

（2）醋酸溶液的电导率 $\kappa(\mathrm{CH_3COOH})$ 为

$$\kappa(\mathrm{CH_3COOH}) = \frac{1}{R(\mathrm{CH_3COOH})}K_{\mathrm{cell}} = \frac{15.87}{2184} = 7.266\times10^{-3}\,(\mathrm{S\cdot m^{-1}})$$

醋酸溶液的摩尔电导率 $\Lambda_{\mathrm{m}}(\mathrm{CH_3COOH})$ 为

$$\Lambda_{\mathrm{m}}(\mathrm{CH_3COOH}) = \frac{\kappa(\mathrm{CH_3COOH})}{c} = \frac{7.266\times10^{-3}}{0.01000\times10^{3}} = 7.266\times10^{-4}\,(\mathrm{S\cdot m^{-1}\cdot mol^{-1}})$$

5.2.4　电导率、摩尔电导率与浓度的关系

1. 电导率与浓度的关系

图 5.4 给出了一些电解质溶液在 298 K 时的电导率随电解质浓度变化而变化的曲线关系，由图可见，强酸、强碱的电导率很大，其次是盐类，而弱电解质的电导率最低。对于同一电解质溶液，电导率随着溶液浓度的不同有很大变化。随着浓度的增大，稀溶液单位体积内导电离子增多，故溶液的电导率随浓度的增大而增加，但强电解质溶液中离子间的相互作用随着浓度的增大而增强，使离子迁移速率变慢，电导率减小。所以强电解质溶液的电导率经过一极大值后反而降低。

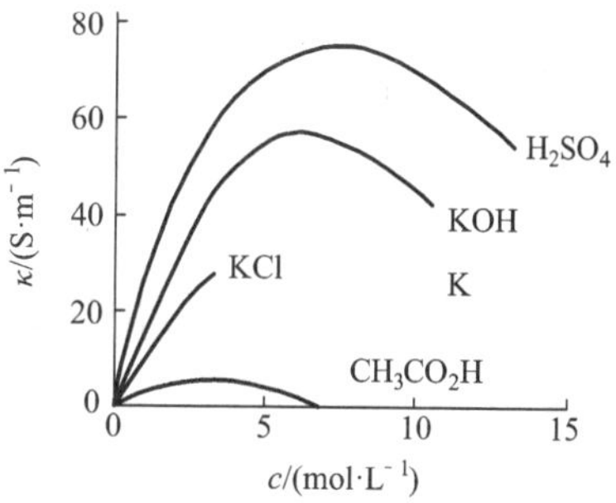

图 5.4　电导率与浓度的关系

2. 摩尔电导率与浓度的关系

电解质溶液的摩尔电导率与浓度的关系可由实验得出。图 5.5 是几种电解质的摩尔电导率对浓度平方根的变化关系图，由图可见，无论是强电解质还是弱电解质，其摩尔电导率均随溶液浓度的降低而增大，但增大的情况及原因不一样。

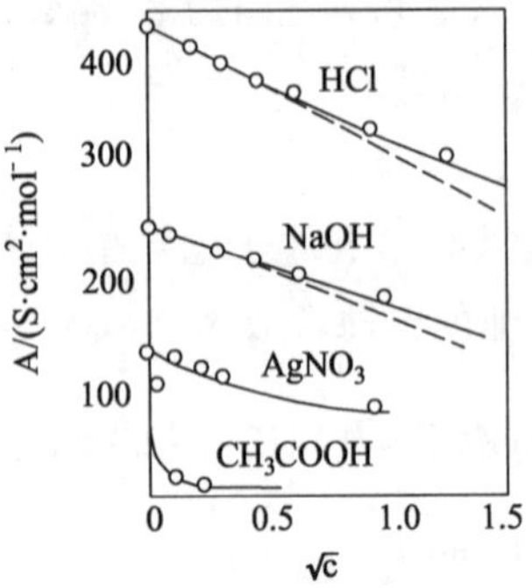

图 5.5　摩尔电导率与物质的量浓度平方根的关系

在强电解质溶液中，随着溶液浓度的降低，离子间距离增大，离于间的引力变小。离子运动速率加快，使其摩尔电导率增大。科尔劳施根据实验结果得出结论：在很稀的强电解质溶液中，其摩尔电导率与浓度的平方根呈线性关系。数学表达式为

$$\Lambda_m = \Lambda_m^\infty - A\sqrt{c} \tag{5.7}$$

式中　Λ_m^∞——极限摩尔电导率，$S \cdot m^2 \cdot mol^{-1}$；

A——常数，其值与温度、电解质及溶剂性质有关。

对于一定温度下的指定电解质溶液而言，Λ_m^∞ 及 A 都是常数。在溶液很稀时，Λ_m 与强电解质溶液物质的量浓度的平方根 $\sqrt{c}$ 成直线关系，将直线外推到 $c=0$ 时，直线的截距即为极限摩尔电导率 Λ_m^∞。

对于弱电解质而言，其摩尔电导率随溶液浓度降低而增大。当溶液浓度较大时，由于弱电解质电离度较小，溶液中离子数量很少，所以 Λ_m 很小，且随浓度的变化缓慢。当溶液浓度下降时，弱电解质的解离度增大，溶液中离子数目增多，而且正、负离子间的相互吸引力随浓度的减小而减弱，从而使溶液的摩尔电导率随溶液浓度的下降而急剧增大。弱电解质的 Λ_m^∞ 不能用外推法求得，只能根据离子独立运动定律来计算。

5.2.5　离子独立运动定津和离子的摩尔电导率

科尔劳施研究了大量的强电解质溶液，总结出离子独立运动定律：在无限稀释的溶液中，所有电解质全部电离，且离子间的相互作用可忽略不计，离子彼此独立，互不影响，电解质的极限摩尔电导率为正、负离子摩尔电导率之和。

如对于电解质 $A_{\nu+}B_{\nu-}$，科尔劳施离子独立运动定律表达式为

$$\Lambda_m^\infty = \nu_+ \Lambda_{m,+}^\infty + \nu_- \Lambda_{m,-}^\infty \tag{5.8}$$

式中　Λ_m^∞——电解质的极限摩尔电导率，$S \cdot m^2 \cdot mol^{-1}$；

$\Lambda_{m,+}^\infty$、$\Lambda_{m,-}^\infty$——正、负离子的极限摩尔电导率，$S \cdot m^2 \cdot mol^{-1}$；

ν_+、ν_-——正、负离子的化学计量数，量纲为 1。

离子独立运动定律适用于无限稀释的强、弱电解质溶液，因而，可以用强电解质的极限摩尔电导率计算弱电解质的极限摩尔电导率。25℃时水溶液中一些离子的无限稀释摩尔电导率见表 5.2。

表 5.2　25℃时水溶液中一些离子的无限稀释摩尔电导率

正离子	$\Lambda_m^\infty/(S \cdot m^2 \cdot mol^{-1})$	负离子	$\Lambda_m^\infty/(S \cdot m^2 \cdot mol^{-1})$
H^+	349.82×10^{-4}	OH^-	198.0×10^{-4}
Li^+	38.69×10^{-4}	Cl^-	76.34×10^{-4}
Na^+	50.11×10^{-4}	Br^-	78.4×10^{-4}
K^+	73.52×10^{-4}	I^-	76.8×10^{-4}
NH_4^+	73.4×10^{-4}	NO_3^-	71.44×10^{-4}
Ag^+	61.92×10^{-4}	CH_3COO^-	40.9×10^{-4}
$(\frac{1}{2})\ Ca^{2+}$	59.50×10^{-4}	ClO_4^-	68.0×10^{-4}
$(\frac{1}{2})\ Ba^{2+}$	63.64×10^{-4}	$(\frac{1}{2})\ SO_4^{2-}$	79.8×10^{-4}
$(\frac{1}{2})\ Sr^{2+}$	59.46×10^{-4}	HCO_3^-	44.5×10^{-4}
$(\frac{1}{2})\ Mg^{2+}$	53.06×10^{-4}	$(\frac{1}{2})\ CO_3^{2-}$	69.3×10^{-4}
$(\frac{1}{2})\ La^{3+}$	69.6×10^{-4}	$C_2H_5COO^-$	35.8×10^{-4}

【例 5.4】已知在 298.15 K 时，NH_4Cl、$NaOH$、和 $NaCl$ 的极限摩尔电导率分别为 $\Lambda_m^\infty(NH_4Cl) = 0.014\,99\ S \cdot m^2 \cdot mol^{-1}$，$\Lambda_m^\infty(NaOH) = 0.024\,87\ S \cdot m^2 \cdot mol^{-1}$，$\Lambda_m^\infty(NaCl) = 0.012\,65\ S \cdot m^2 \cdot mol^{-1}$，试计算 $NH_3 \cdot H_2O$ 的 $\Lambda_m^\infty(NH_3 \cdot H_2O)$。

解：对弱电解质而言，在无限稀释的情况下，可以认为它是完全电离的。根据离子独立运动定律可得

$$\begin{aligned}\Lambda_m^\infty(NH_3 \cdot H_2O) &= \Lambda_m^\infty(NH_4^+) + \Lambda_m^\infty(OH^-) \\ &= \Lambda_m^\infty(NH_4Cl) - \Lambda_m^\infty(NaCl) + \Lambda_m^\infty(NaOH) \\ &= 0.014\,99 - 0.012\,65 + 0.024\,87 = 0.027\,21\ (S \cdot m^2 \cdot mol^{-1})\end{aligned}$$

5.2.6 强电解质溶液理论简介

1. 电解质的平均活度和平均活度系数

对于非电解质和弱电解质，溶液解离平衡的计算可使用浓度，但对于强电解质溶液，由于溶液中各种离子的相互作用，在有关热力学的计算中，不能再使用浓度，而应当使用活度。

由于电解质溶液是电中性的，正、负离子总是同时存在于溶液之中，因此单一离子的活度和活度系数均不能由实验测得，为此，我们定义正、负离子活度的几何平均值为离子的平均活度，并以 $a_{\pm}$ 表示，即

$$a_{\pm}=(a_{+}^{\nu+}\cdot a_{-}^{\nu-})^{1/\nu} \tag{5.9}$$

同理，定义正、负离子活度系数及质量摩尔浓度的几何平均值为离子的平均活度系数与平均质量摩尔浓度，分别以 $\gamma_{\pm}$ 和 $b_{\pm}$ 表示，即

$$\gamma_{\pm}=\left(\gamma_{+}^{\nu+}\cdot\gamma_{-}^{\nu-}\right)^{1/\nu} \tag{5.10}$$

$$b_{\pm}=\left(b_{+}^{\nu+}\cdot b_{-}^{\nu-}\right)^{1/\nu} \tag{5.11}$$

式中 $\nu=\nu_{+}+\nu_{-}$。

综合以上各式可得到强电解质的整体活度，正、负离子的活度，活度系数和平均活度、平均活度系数之间的定量关系式：

$$a=a_{+}^{\nu+}\cdot a_{-}^{\nu-}=a_{\pm}^{\nu}=\left(\gamma_{\pm}\cdot\frac{b_{\pm}}{b^{\ominus}}\right)^{\nu} \tag{5.12}$$

离子的平均活度系数 $\gamma_{\pm}$ 的大小反映了由于离子相互作用所导致的电解质溶液偏离理想溶液的程度。表 5.3 列出了 298.15 K 时。某些电解质水溶液中离子的平均活度系数。

表 5.3　297.15 K 时某些电解质水溶液中离子的平均活度系数 $\gamma_{\pm}$

$b/(\text{mol}\cdot\text{kg}^{-1})$	0.001	0.005	0.01	0.05	0.10	0.50
HCl	0.965	0.928	0.904	0.830	0.796	0.757
NaCl	0.966	0.929	0.904	0.823	0.778	0.682
KCl	0.965	0.927	0.901	0.815	0.769	0.650
HNO_3	0.965	0.927	0.902	0.823	0.785	0.715
$CaCl_2$	0.887	0.783	0.724	0.574	0.518	0.448
H_2SO_4	0.830	0.639	0.544	0.340	0.265	0.154
$CuSO_4$	0.740	0.530	0.410	0.210	0.160	0.068
$ZnSO_4$	0.734	0.477	0.387	0.202	0.148	0.063

从表 5.3 中数据可以看出：

（1）在稀溶液范围内，电解质离子平均活度系数 $\gamma_\pm$ 随着浓度的降低而增加。

（2）在稀溶液范围内，相同价态的电解质，若浓度相同，$\gamma_\pm$ 几乎相等；不同价态的电解质，浓度相同时，其 $\gamma_\pm$ 并不相同，高价态的电解质 $\gamma_\pm$ 较小。

【例 5.5】已知浓度 $b = 0.01\ \mathrm{mol \cdot kg^{-1}}$ 的 H_2SO_4 水溶液中，离子平均活度系数 $\gamma_\pm = 0.544$，试求该溶液中 H_2SO_4 的活度和离子的平均活度。

解： H_2SO_4 在水溶液中的电离反应为

$$\mathrm{H_2SO_4 \rightarrow 2H^+ + SO_4^{2-}}$$

已知 $\nu_+ = 2$，$\nu_- = 1$，$b_+ = 2b_- = 0.02\ \mathrm{mol \cdot kg^{-1}}$，$b_- = b = 0.01\ \mathrm{mol \cdot kg^{-1}}$

电解质的平均质量摩尔浓度：

$$b_\pm = \left(b_+^2 \cdot b_-\right)^{1/3} = [(2b)^2 \cdot b]^{1/3} = 4^{1/3} \times 0.01 = 1.59 \times 10^{-2}\ (\mathrm{mol \cdot kg^{-1}})$$

离子的平均活度：$a_\pm = \gamma_\pm \cdot \dfrac{b_\pm}{b^\ominus} = 0.544 \times \dfrac{1.59 \times 10^{-2}}{1} = 0.008\,6$

电解质溶液的活度：$a = a_\pm^3 = 0.0086^3 = 6.4 \times 10^{-7}$

2. 离子强度和德拜－休克尔极限公式

由表 5.3 中数据可以看出，影响强电解质离子平均活度系数的主要因素是浓度和离子的价电子数，而离子价电子数的影响比浓度更加显著，路易斯根据上述事实，提出了离子强度的概念。离子强度定义式为

$$I = \frac{1}{2}\sum b_\mathrm{B} z_\mathrm{B}^2 \tag{5.13}$$

式中 I——离子强度，$\mathrm{mol \cdot kg^{-1}}$；

b_B——离子 B 的质量摩尔浓度，$\mathrm{mol \cdot kg^{-1}}$；

z_B——离子 B 的电荷数。

路易斯总结了大量实验事实，进一步指出在稀溶液范围内，$\gamma_\pm$ 与 I 的关系符合下述经验关系式：

$$\lg \gamma_\pm = -k\sqrt{I}$$

式中 k 为常数。

1923 年，德拜和休克尔提出了强电解质离子互吸理论，导出了定量计算离子平均活度系数的德拜–休克尔极限公式：

$$\lg \gamma_\pm = -A\left|z_+ z_-\right|\sqrt{I} \tag{5.14}$$

式中，A 是和电解质溶液中溶剂自身性质和外界条件有关的一个常数，298.15 K 时的水溶液中，$A = 0.509(\text{kg}\cdot\text{mol}^{-1})^{1/2}$。

式（5.14）的正确性已为许多实验结果所证实，且与路易斯的经验式相吻合，该式适用于强电解质稀溶液，当电解质溶液的质量摩尔浓度小于 0.01 $\text{mol}\cdot\text{kg}^{-1}$ 时比较准确。

【例 5.6】利用德拜-休克尔极限公式，计算 298.15 K 时浓度为 0.002 $\text{mol}\cdot\text{kg}^{-1}$ 的 $CuSO_4$ 水溶液中，正、负离子的平均活度系数。

解：已知 $b_+ = b_- = b$，$z_+ = 2$，$z_- = -2$，$A = 0.509\ (\text{kg}\cdot\text{mol}^{-1})^{1/2}$

$$I = \frac{1}{2}\sum b_B z_B^2 = \frac{1}{2}[b\times 2^2 + b\times(-2)^2] = 4b = 0.008\ \text{mol}\cdot\text{kg}^{-1}$$

$$\lg\gamma_\pm = -A|z_+ z_-|\sqrt{I} = -0.509\times|2\times(-2)|\times\sqrt{0.008} = -0.1821$$

所以 $\gamma_\pm = 0.658$。

5.3 电导测定的应用

5.3.1 检验水的纯度

通常水中因含有多种电解质而具有相当大的电导率，一般蒸馏水中也会因为溶解了空气中的二氧化碳等杂质而具有一定的电导率，其值约为 $1.00\times10^{-3}\ \text{S}\cdot\text{m}^{-1}$。纯水在 298.15 K 时电导率为 $5.5\times10^{-6}\ \text{S}\cdot\text{m}^{-1}$，重蒸馏水（蒸馏水经 $KMnO_4$ 和 KOH 溶液处理除去 CO_2 及其他有机杂质，然后在石英皿中重新蒸馏 1~2 次）和去离子水（用离子交换树脂处理的水）的电导率可小于 $1.00\times10^{-4}\ \text{S}\cdot\text{m}^{-1}$，可以认为相当纯净。所以只要测出水的电导率，就可以断定水的纯度是否合格或符合使用要求。

5.3.2 测定弱电解质的电离度及电离常数

弱电解质在溶液中仅部分解离，例如乙酸水溶液中乙酸分子的解离：

$$CH_3COOH \longrightarrow H^+ + CH_3COO^-$$

由于弱电解质的电离度很小，溶液中离子的浓度很低，可以认为离子的移动速率受浓度影响很小，因而，一定浓度的弱电解质溶液的摩尔电导率与其极限摩尔电导率的差别是由于电离度的不同造成的。例如乙酸，在无限稀释的溶液中全部电离，此时其摩尔电导率为 Λ_m^∞，当溶液浓度为 c 时，乙酸的电离度为 α，此时其摩尔电导率为 Λ_m。显然有

$$\alpha = \frac{\Lambda_m}{\Lambda_m^\infty} \tag{5.15}$$

则其电离常数为

$$K^\ominus = \frac{[c(H^+)/c^\ominus][c(CH_3COO^-)/c]}{c(CH_3COOH)/c^\ominus} = \frac{(\alpha c/c^\ominus)^2}{(1-\alpha)c/c^\ominus} = \frac{\alpha^2}{1-\alpha}(c/c^\ominus)$$

【例 5.7】有一电导池，电池常数 K_{cell} 为 $13.7\ m^{-1}$，将浓度为 $15.81\ mol \cdot m^{-3}$ 的乙酸溶液放人电导池中，测得其电阻为 655 Ω，求 298.15 K 时乙酸的电离度和电离常数。

解：查表得，298.15 K 时

$$\Lambda_m^\infty(H^+) = 34.96\times10^{-3}\ S\cdot m^2\cdot mol^{-1},\quad \Lambda_m^\infty(CH_3COOH^-) = 4.09\times10^{-3}\ S\cdot m^2\cdot mol^{-1}$$

（1）$\Lambda_m^\infty(CH_3COOH) = \Lambda_m^\infty(H^+) + \Lambda_m^\infty(CH_3COOH^-)$

$$= (34.96+4.09)\times10^{-3}$$

$$= 39.05\times10^{-3}(S\cdot m^2\cdot mol^{-1})$$

乙酸溶液的电导率为

$$\kappa = GK_{cell} = \frac{1}{R}K_{cell}$$

$$= \frac{1}{655}\times13.7$$

$$= 2.09\times10^{-2}(S\cdot m^{-1})$$

所以

$$\Lambda_m^\infty(CH_3COOH) = \frac{\kappa}{c} = \frac{2.09\times10^{-2}}{15.81}$$

$$= 1.32\times10^{-3}(S\cdot m^2\cdot mol^{-1})$$

乙酸的电离度

$$\alpha = \frac{\Lambda_m}{\Lambda_m^\infty} = \frac{1.32\times10^{-3}}{39.05\times10^{-3}} = 3.38\times10^{-2}$$

（2）乙酸的电离常数

$$K^\ominus = \frac{\alpha^2}{1-\alpha}c/c^\ominus = \frac{(3.38\times10^{-2})^2}{1-3.38\times10^{-2}}\times\frac{15.81\times10^{-3}}{1} = 1.87\times10^{-5}$$

5.3.3　测定难溶盐的溶解度和溶度积

一些难溶盐因在水中的溶解度太小而无法用普通的滴定方法测定，但可以利用测定电导的方法计算。

【例 5.8】在 298.15K 时，测得 AgCl 饱和溶液的由导率为 $3.14\times10^{-4}\ \mathrm{S\cdot m^{-1}}$，配制该溶液所用的纯水的电导率为 $1.60\times10^{-4}\ \mathrm{S\cdot m^{-1}}$，试求 298.15 K 时 AgC1 的溶解度和溶度积。

解： 查表知

$$\Lambda_m^\infty(Ag^+)=6.19\times10^{-3}\ \mathrm{S\cdot m^2\cdot mol^{-1}},\quad \Lambda_m^\infty(Cl^{-1})=7.64\times10^{-3}\ \mathrm{S\cdot m^2\cdot mol^{-1}}$$

（1）$\kappa(\mathrm{AgCl})=\kappa(\text{溶液})-\kappa(\text{水})=(3.14-1.60)\times10^{-4}=1.81\times10^{-4}\ (\mathrm{S\cdot m^{-1}})$

$$\Lambda_m^\infty(\mathrm{AgCl})=\Lambda_m^\infty(Ag^+)+\Lambda_m^\infty(Cl^{-1})=(6.19+7.64)\times10^{-3}$$
$$=13.83\times10^{-3}(\mathrm{S\cdot m^2\cdot mol^{-1}})$$

AgCl 饱和溶液的溶解度为

$$c(\mathrm{AgCl})=\frac{\kappa(\mathrm{AgCl})}{\Lambda_m^\infty(\mathrm{AgCl})}=\frac{1.81\times10^{-4}}{13.83\times10^{-3}}=1.31\times10^{-2}\ (\mathrm{mol\cdot m^{-3}})$$

（2）AgCl 饱和溶液的溶度积为

$$K_{sp}=\frac{c(Ag^+)}{c^\ominus}\frac{c(Cl^{-1})}{c^\ominus}=\left(\frac{1.31\times10^{-2}}{1\times10^{3}}\right)^2=1.72\times10^{-10}$$

5.3.4　电导滴定

在分析化学中，当溶液浑浊或有颜色而不能使用指示剂时，可用电导滴定来测定溶液中电解质的浓度。但只有在滴定过程中，一种离子被另一种离子所代替，电导率发生明显变化时才能选用此法。

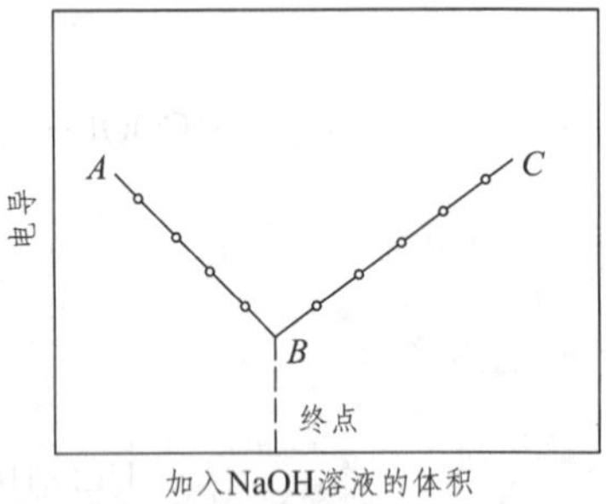

图 5.6　强酸滴定强碱的电导滴定

例如用 NaOH 溶液滴定 HC1 溶液，如图 5.6 所示，滴定前，溶液中只有 HC1 一种电解质，由于 H^+ 的电导率很大，所以溶液的电导率也很大；当逐渐滴入 NaOH 时，溶液中的 H^+ 逐渐减少，Na^+ 逐渐增多，而 Na^+ 的电导率较 H^+ 小，故溶液的电导率在滴定过程中逐渐降低（*AB* 段）；当到达滴定终点时，H^+ 全部被 Na^+ 所取代，此时电导率最小（*B* 点）；此后再滴入 NaOH，由于 OH^- 的电导率也很大，所以滴定终点以后电导率骤增（*BC* 段）。*B* 点就是滴定的终点，根据 *B* 点对应的 NaOH 溶液的体积就可以计算出 HC1 溶液的浓度。

5.4 可逆电池与可逆电极

5.4.1 电池的表示方法

根据前面所学知识，如果要表示某一原电池，用画出装置图的方法很繁琐而且不利于记录，所以常采用电池表达式来表示电池。

例如，铜–锌原电池用电池表达式可表示为

$$Zn(s)|ZnSO_4(1\ mol\cdot kg^{-1})||CuSO_4(1\ mol\cdot kg^{-1})|Cu(s)$$

用电池表达式表示电池时，应遵循如下规定：

（1）将发生氧化反应的阳极（负极）写在左边，将发生还原反应的阴极（正极）写在右边；

（2）金属电极写在外面，电解质溶液写在中间，如 $Zn(s)|ZnSO_4$；

（3）用实垂线“｜”表示相与相之间的界面，用双竖线“||”表示盐桥；

（4）必须标明电池中各物质的组成和相态，溶液要写明浓度，气体要注明压强。

5.4.2 可逆电池

根据热力学可逆过程的概念，可逆电池必须具备以下条件：

（1）电极反应可逆。也就是说，当相反方向的电流通过电极时，电极反应也应随之逆向进行，当电流停止时，反应也应停止。

（2）电池的充、放电过程可逆。即不论是充电还是放电，通过电池的电流必须为无限小，使电池在接近平衡态的条件下工作。这样的充电、放电过程就是可逆充电、放电过程。

（3）电池中的其他过程可逆。对于如同铜–锌电池的双液电池而言，两种溶液接界面存在着离子的扩散，该过程是不可逆的，存在着接界电势。如果在两种溶液中插入盐桥则可消除液体接界电势。严格地说，只有一种电解质溶液构成的电池才能成为可逆电池，对双液电池而言，若满足（1）和（2），在有盐桥存在的情况下可视为可逆电池。

5.4.3 可逆电极

可逆电池构成的首要条件之一是两个电极的电极反应必须是可逆的，这样的电极称为可逆电极。通常将可逆电极分为三大类。

1. 第一类电极

（1）金属电极。

金属电极是由金属浸入该金属离子的溶液中构成的，其通式为 $M\,|\,M^{z+}$ 。常见的金属电极如 $Zn(s)|\,Zn^{2+}(a)$、$Cu(s)|\,Cu^{2+}(a)$、$Ag(s)|Ag^{+}(a)$等。$Cu(s)|\,Cu^{2+}(a)$的电极反应为

$$Cu^{2+}(a)+2e^{-} \rightleftharpoons Cu(s)$$

（2）气体（或其他非金属单质）电极。

此类电极是由惰性金属电极和非金属单质及其离子形成的电极，如 $Pt|\,H_2(g)|\,H^{+}(a)$、$Pt|\,Cl_2(g)|\,Cl^{-}(a)$、$Pt|\,I_2(s)|\,I^{-}(a)$等。电极反应一般比较简单，例如氢电极的电极反应为

$$2H^{+}(a)+2e^{-} \rightleftharpoons H_2(g)$$

2. 第二类电极

（1）金属–难溶盐电极。

金属–难溶盐电极是金属与其金属难溶盐和该金属难溶盐阴离子构成的电极。常见的金属–难溶盐电极是银–氯化银电极 $Cl^{-}(a)|AgCl(s)|Ag(s)$和甘汞电极 $Cl^{-}(a)|\,Hg_2Cl_2(s)Hg(l)$，其电极反应分别为

$$AgCl(s)+e_{-} \rightleftharpoons Ag(s)+Cl^{-}(a)$$

$$Hg_2Cl_2(s)+2e^{-} \rightleftharpoons 2Hg(l)+2Cl^{-}(a)$$

（2）金属–难溶氧化物电极。

金属–难溶氧化物电极是在金属表面上覆盖一层该金属的难溶氧化物(或难溶氢氧化物)，然后将其插入含有 H^{+} 或 OH^{-} 的溶液中形成电极。例如 $OH^{-}(a)|\,Ag_2O(s)|Ag(s)$、$OH^{-}(a)|\,Fe(OH)_2(s)|Fe(s)$、$H^{+}(a)|\,Sb_2O_3(s)|Sb(s)$等，其电极反应分别为

$$Ag_2O(s)+H_2O+2e^{-} \rightleftharpoons 2Ag(s)+2OH^{-}(a)$$

$$Fe(OH)_2(s)+2e^{-} \rightleftharpoons Fe(s)+2OH^{-}(a)$$

$$Sb_2O_3(s)+6H^{+}(a)+6e^{-} \rightleftharpoons 2Sb(s)+3H_2O$$

3. 第三类电极

第三类电极又称氧化还原电极，是由惰性金属（如 Pt）插入含有同一种元素的不同氧化态的离子混合溶液中构成，常见的氧化还原电极有 $Pt|\,Fe^{3+}(a_1)$，$Fe^{2+}(a_2)$和 $Pt|\,Cr^{3+}(a_1)$，$Cr^{2+}(a_2)$等。$Pt|\,Fe^{3+}(a_1)$，$Fe^{2+}(a_2)$的电极反应为

$$Fe^{3+}(a_1)+e^{-} \rightleftharpoons Fe^{2+}(a_2)$$

在电极上进行的是不同氧化态离子之间的氧化还原反应，电极中的惰性金属只起传递电子的作用。第三类电极的电极反应的通式如下：

$$氧化态 + z\mathrm{e}^- \rightleftharpoons 还原态$$

式中氧化态和还原态（如 Zn^{2+} 和 Zn）称为电极反应的“氧化还原电对”(简称氧还对)。

5.4.4　电极反应与电池反应

1. 电极反应与电池反应

在电池的两个电极上发生的反应为电极反应，阳极上进行的是氧化反应，阴极上进行的是还原反应，两个电极反应之和为电池反应。因而，如果给出电池图示，我们就能方便地写出电极反应和电池反应。

【例 5.9】写出下列各电池的电极反应和电池反应

（1）$\mathrm{Pt}|\mathrm{Cu}^{2+}(a_1), \mathrm{Cu}^{+}(a_2)||\mathrm{Fe}^{3+}(a_3), \mathrm{Fe}^{2+}(a_4)|\mathrm{Pt}$

（2）$\mathrm{Pt}|\mathrm{O}_2(p^{\ominus})|\mathrm{NaOH}(a=1)|\mathrm{HgO(s)}|\mathrm{Hg(l)}$

（3）$\mathrm{Pt}|\mathrm{H}_2(\mathrm{g}, p_1)|\mathrm{H}^{+}(a)|\mathrm{H}_2(\mathrm{g}, p_2)|\mathrm{Pt}$

（4）$\mathrm{Pt}|\mathrm{H}_2|\mathrm{H}^{+}(a_1)||\mathrm{H}^{+}(a_2)|\mathrm{H}_2(\mathrm{g}, p)|\mathrm{Pt}$

解：（1）阳极反应 $\mathrm{Cu}^{+}(a_2) \longrightarrow \mathrm{Cu}^{2+}(a_1) + \mathrm{e}^-$

阴极反应 $\mathrm{Fe}^{3+}(a_3) + \mathrm{e}^- \longrightarrow \mathrm{Fe}^{2+}(a_4)$

电池反应 $\mathrm{Cu}^{+}(a_2)) + \mathrm{Fe}^{3+}(a_3) \longrightarrow \mathrm{Cu}^{2+}(a_1) + \mathrm{Fe}^{2+}(a_4)$

（2）阳极反应 $2\mathrm{OH}^-(a) \longrightarrow \frac{1}{2}\mathrm{O}_2(p^{\ominus}) + \mathrm{H_2O} + 2\mathrm{e}^-$

阴极反应 $\mathrm{HgO(s)} + \mathrm{H_2O} + 2\mathrm{e}^- \longrightarrow \mathrm{Hg(1)} + 2\mathrm{OH}^-(a)$

电池反应 $\mathrm{HgO(s)} \longrightarrow \mathrm{Hg(1)} + \frac{1}{2}\mathrm{O}_2(p^{\ominus})$

（3）阳极反应 $\mathrm{H}_2(p_1) \longrightarrow 2\mathrm{H}^{+}(a) + 2\mathrm{e}^-$

阴极反应 $2\mathrm{H}^{+}(a) + 2\mathrm{e}^- \longrightarrow \mathrm{H}_2(p_2)$

电池反应 $H_2(p_1) \longrightarrow \mathrm{H}_2(p_2)$

（4）阳极反应 $H_2(p) \longrightarrow 2\mathrm{H}^{+}(a_1) + 2\mathrm{e}^-$

阴极反应 $2\mathrm{H}^{+}(a_2) + 2\mathrm{e}^- \longrightarrow \mathrm{H}_2(p)$

电池反应 $2\mathrm{H}^{+}(a_2) \longrightarrow 2\mathrm{H}^{+}(a_1)$

2. 原电池的分类

按照电池反应的不同，原电池可分为化学电池和浓差电池。化学电池的电池反应为一个化学反应。如例 5.9 中（1）和（2）；浓差电池的电池反应不是化学反应，而是由于浓度差异产生的电流，如例 5.9 中（3）和（4）。浓差电池又可分为两类：电极物质浓度或压强不同的浓差电池称为电极浓差电池（单液电池），如例 5.9 中（3）；电解质溶液浓度不同的浓差电池称为电解质浓差电池（双液电池）。如例 5.9 中（4）。

按照电池组成的不同，原电池可分为单液电池和双液电池。单液电池两电极共用同一电解质溶液，如例 5.9 中（2）和（3）；双液电池两电极各用一种电解质溶液，两种电解质溶液通常用盐桥连接，如例 5.9 中（1）和（4）。

5.4.5 原电池设计

在利用电池电动势进行有关化学热力学计算时，需将反应设计成电池，其步骤如下：

（1）根据化学反应中各元素氧化数的变化确定氧化还原电对，发生氧化反应的氧还对作为阳极（负极），发生还原反应的氧还对作为阴极（正极）。

（2）按照书写原电池图示的规定写出电池图示，若组成原电池的是两种不同的电解质溶液，则在两溶液之间插入盐桥。

（3）写出所设计电池的电极反应、电池反应并与给定反应进行核对，确保电池反应与给定反应相符。

【例 5.10】将下列反应设计成原电池。

（1）$Cd(s)+Cu^{2+}(a_1) \longrightarrow Cu^{2+}(a_2)+Cu(s)$

（2）$Pb(s)+HgO(s) \longrightarrow Hg(l)+PbO(s)$

（3）$Ag_2O(s) \longrightarrow 2Ag(s)+\frac{1}{2}O_2(g,p)$

（4）$Ag^+(a)+I^-(a_2) \longrightarrow AgI(s)$

（5）$H_2(g,p_1) \longrightarrow H_2(g,p_2)$

解：（1）该反应中，Cd 失去电子被氧化，所对应电极为阳极；Cu^{2+} 得到电子被还原，所对应电极为阴极。相应的电池图示为

$$Cd(s)|Cd^{2+}(a_2)\|Cu^{2+}(a_1)|Cu(s)$$

检验：阳极反应 $Cd(s) \longrightarrow Cd^{2+}(a_2)+2e^-$

阴极反应 $Cu^{2+}(a_1)+2e^- \longrightarrow Cu(s)$

电池反应 $Cd(s)+Cu^{2+}(a_1) \longrightarrow Cd^{2+}(a_2)+Cu(s)$

电池反应与题给反应一致，说明设计正确。

（2）该反应中各物质也发生了价态的变化，HgO 和 Hg、PbO 和 Pb 均为金属–金属难溶氧化物电极，而且两电极都对 OH⁻ 可逆，所以可设计成一单液电池。从各物质价态的变化可以看出 Pb 和 PbO 电极为阳极，Hg 和 HgO 电极为阴极，相应的电池图示为

$$Pb(s) \,|\, PbO(s) \,|\, OH^-(a) \,|\, HgO(s) \,|\, Hg(1)$$

检验：阳极反应 $Pb(s) + 2OH^-(a) \longrightarrow PbO(s) + H_2O + 2e^-$

阴极反应 $HgO(s) + H_2O + 2e^- \longrightarrow Hg(1) + 2OH^-(a)$

电池反应 $Pb(s) + HgO(s) \longrightarrow Hg(1) + PbO(s)$

电池反应与题给反应一致，说明设计正确。

（3）该反应中有 Ag₂O 和 Ag、O₂，故两电极应分别为金属–金属难溶氧化物电极和金属–非金属单质电极，其中 O₂ 对应电极为阳极，Ag₂O 和 Ag 对应电极为阴极，相应的电池图示为

$$Pt \,|\, O_2(g, p) \,|\, OH^-(a) \,|\, Ag_2O(s) \,|\, Ag(s)$$

检验：阳极反应 $2OH^-(a) \longrightarrow \frac{1}{2}O_2(g, p) + H_2O + 2e^-$

阴极反应 $Ag_2O(s) + H_2O + 2e^- \longrightarrow 2Ag(s) + 2OH^-(a)$

电池反应 $Ag_2O(s) \longrightarrow 2Ag(s) + \frac{1}{2}O_2(g, p)$

电池反应与题给反应一致，说明设计正确。

（4）该反应中各物质反应前后价态均无变化，可在等式两边同时加上 Ag(s) 构成氧还对。则 $Ag(s) \longrightarrow AgI(s)$ 氧化数升高，即 $I^-(a_2) \,|\, AgI(s) \,|\, Ag(s)$ 作阳极，而 $Ag^+(a_1) \longrightarrow Ag(s)$ 氧化数降低，所以 $Ag^+(a_1) \,|\, Ag(s)$ 作阴极。相应的电池图示为

$$Ag(s) \,|\, AgI(s) \,|\, I^-(a_2) \,\|\, Ag^+(a_1) \,|\, Ag(s)$$

检验：阳极反应 $Ag(s) + I^-(a_2) \longrightarrow AgI(s) + e^-$

阴极反应 $Ag^+(a_1) + e^- \longrightarrow Ag(s)$

电池反应 $Ag^+(a_1) + I^-(a_2) \longrightarrow AgI(s)$

电池反应与题给反应一致，说明设计正确。

（5）这一反应前后只存在一种物质，但物质的压力不同，且元素的氧化态不变，因此需将其设计成浓差电池。我们可以在等式两边都加入 H⁺，即

$$H_2(g, p_1) + 2H^+(a) \longrightarrow H_2(g, p_2) + 2H^+(a)$$

相应的电池图示应为

$$Pt \,|\, H_2(g, p_1) \,|\, H^+(a) \,|\, H_2(g, p_2) \,|\, Pt$$

检验：阳极反应 $H_2(g, p_1) \longrightarrow 2H^+(a) + 2e^-$

阴极反应 $2H^+(a) + 2e^- \longrightarrow H_2(g, p_2)$

电池反应 $H_2(g, p_1) \longrightarrow H_2(g, p_2)$

电池反应与题给反应一致，说明设计正确。

该题中，也可以在等式两边加人 OH^-，电池就可变为

$$Pt\,|\,H_2(g, p_1)\,|\,OH^-(a)\,|\,H_2(g, p_2)\,|\,Pt$$

5.5 电极电势和电池电动势

5.5.1 标准氢电极和标准电极电势

1. 标准氢电极

标准氢电极的构造如图 5.7 所示。把镀有铂黑（其目的是增加电极的表面积，促进对氢气的吸附，并起电催化作用）的铂片浸入氢离子活度 $a(H^+) = 1$ 的溶液中，并不断通入纯净的氢气（压力为标准压力），使铂片吸附氢气达到饱和。

氢电极图示为　　　　$H^+[a(H^+) = 1]\,|\,H_2(g, p^\ominus)\,|\,Pt$

其电极反应为　　　　$2H^+(a) + 2e^- = H_2(g)$

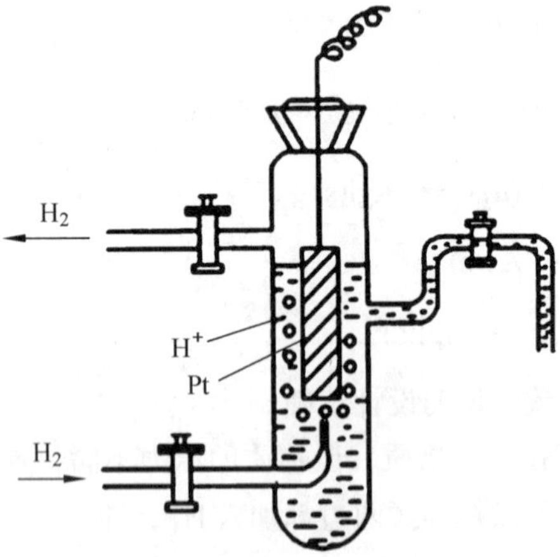

图 5.7　标准氢电极的构造图

规定，任意温度下，标准氢电极的电极电势为零。即

$$\varphi^\ominus = \{H^+[a(H^+)=1]\,|\,H_2(g, p^\ominus)\,|\,Pt\} = 0$$

2. 电极电势

以标准氢电极为阳极，指定待测电极为阴极，组成如下电池：

$$Pt\,|\,H_2(g, p^{\ominus})\,|\,H^+[a(H^+)=1]\,\|\,\text{待测溶液}$$

规定此电池的电动势 E 就是该待测电极的电极电势，用 φ 表示。当指定电极中各反应组分均处于标准态（$a=1$）时，该电极的电极电势称为标准电极电势，以 $\varphi^{\ominus}$ 表示。

上述规定中假定待测电极的电极反应为还原反应，且电池电动势与两个电极电势的关系为

$$E=\varphi_{\text{阴}}-\varphi_{\text{阳}} \text{ 或 } E=\varphi_{\text{正}}-\varphi_{\text{负}} \tag{5.16}$$

按照这一规定，若待测电极上确实发生还原反应，则电极电势为正值；若待测电极上实际发生的是氧化反应，则电极电势为负值。

例如，以标准锌电极 $Zn^{2+}[a(Zn^{2+})=1]\,|\,Zn(s)$ 作为待测电极，与标准氢电极构成原电池如下：

$$Pt\,|\,H_2(g, p^{\ominus})\,|\,H^+[a(H^+)=1]\,\|\,Zn^{2+}[a(Zn^{2+})=1]\,|\,Zn\,(s)$$

298.15 K 时，实验测得 $E^{\ominus}=-0.762\,6$ V（即在实验测定时，锌电极实际上是阳极，所以 $\varphi^{\ominus}(Zn^{2+}/Zn)=-0.762\,6$ V

再如，将标准铜电极与标准氢电极构成原电池

$$Pt\,|\,H_2(g, p^{\ominus})\,|\,H^+[a(H^+)=1]\,\|\,Cu^{2+}[a(Cu^{2+})=1]\,|\,Cu(s)$$

298.15K 时，实验测得 $E^{\ominus}=0.340\,2$ V（即在实验测定时，铜电极确实是阳极），所 $\varphi^{\ominus}(Cu^{2+}/Cu)=0.340\,2$ V。

表 5.4 列出了 25℃时某些电极的标准电极电势。

表 5.4 25℃时某些电极的标准电极电势

电极	电极反应（还原）	$\varphi^{\ominus}$/V
$K^+\,|\,K$	$K^+ + e^- \rightleftharpoons K$	−2.924
$Na^+\,|\,Na$	$Na^+ + e^- \rightleftharpoons Na$	−2.7107
$Mg^{2+}\,|\,Mg$	$Mg^{2+} + 2e^- \rightleftharpoons Mg$	−2.375
$Zn^{2+}\,|\,Zn$	$Zn^{2+} + 2e^- \rightleftharpoons Zn$	−0.7626
$Cd^{2+}\,|\,Cd$	$Cd^{2+} + 2e^- \rightleftharpoons Cd$	−0.4029
$Fe^{2+}\,|\,Fe$	$Fe^{2+} + 2e^- \rightleftharpoons Fe$	−0.409
$Co^{2+}\,|\,Co$	$Co^{2+} + 2e^- \rightleftharpoons Co$	−0.28
$Ni^{2+}\,|\,Ni$	$Ni^{2+} + 2e^- \rightleftharpoons Ni$	−0.23
$Sn^{2+}\,|\,Sn$	$Sn^{2+} + 2e^- \rightleftharpoons Sn$	−0.1362
$Pb^{2+}\,|\,Pb$	$Pb^{2+} + 2e^- \rightleftharpoons Pb$	−0.1261

续表

$H^+ \mid H_2 \mid Pt$	$H^+ + e^- \rightleftharpoons \frac{1}{2}H_2$	0.0000（定义量）
$Cu^{2+} \mid Cu$	$Cu^{2+} + 2e^- \rightleftharpoons Cu$	+0.3402
$Cu^+ \mid Cu$	$Cu^+ + e^- \rightleftharpoons Cu$	+0.522
$Hg_2^{2+} \mid Hg$	$Hg_2^{2+} + 2e^- \rightleftharpoons 2Hg$	+0.851
$Ag^+ \mid Ag$	$Ag^+ + e^- \rightleftharpoons Ag$	+0.7994
$OH^- \mid O_2 \mid Pt$	$\frac{1}{2}O_2 + H_2O + 2e^- \rightleftharpoons OH^-$	+0.401
$H^+ \mid O_2 \mid Pt$	$O_2 + 4H^+ + 4e^- \rightleftharpoons 2H_2O$	+1.229
$I^- \mid I_2 \mid Pt$	$\frac{1}{2}I_2 + e^- \rightleftharpoons I^-$	+0.401
$Br^- \mid Br_2 \mid Pt$	$\frac{1}{2}Br_2 + e^- \rightleftharpoons Br^-$	+1.3586
$Cl^- \mid Cl_2 \mid Pt$	$\frac{1}{2}Cl_2 + e^- \rightleftharpoons Cl^-$	+1.3595
$I^- \mid AgI \mid Ag$	$AgI + e^- \rightleftharpoons Ag + I^-$	−0.1517
$Br^- \mid AgBr \mid Ag$	$AgBr + e^- \rightleftharpoons Ag + Br^-$	+0.0715
$Cl^- \mid AgCl \mid Ag$	$AgCl + e^- \rightleftharpoons Ag + Cl^-$	+0.2225
$Cl^- \mid Hg_2Cl_2 \mid Hg$	$Hg_2Cl_2 + 2e^- \rightleftharpoons 2Hg + 2Cl^-$	+0.2676
$OH^- \mid Ag_2O \mid Ag$	$Ag_2O + H_2O + 2e^- \rightleftharpoons 2Ag + 2OH^-$	+0.342
$SO_4^{2-} \mid Hg_2SO_4 \mid Hg$	$Hg_2SO_4 + 2e^- \rightleftharpoons 2Hg + SO_4^{2-}$	+0.6258
$SO_4^{2-} \mid PbSO_4 \mid Pb$	$PbSO_4 + 2e^- \rightleftharpoons Pb + SO_4^{2-}$	−0.356
H^+，醌氢醌$\mid Pt$	$C_6H_4O_2 + 2H^+ + 2e^- \rightleftharpoons C_6H_4(OH)_2$	+0.6997
Fe^{3+}，$Fe^{2+} \mid Pt$	$Fe^{3+} + e^- \rightleftharpoons Fe^{2+}$	+0.770
H^+，MnO_4^-，$Mn^{2+} \mid Pt$	$MnO_4^- + 8H^+ + 5e^- \rightleftharpoons Mn^{2+} + 4H_2O$	+1.491

5.5.2 电池电动势与电池反应$\Delta_r G_m$的关系

根据热力学原理，在恒温恒压的可逆过程中，系统吉布斯函数减少量（$\Delta_r G_m$）等于系统的最大非体积功，即$\Delta_r G_m = -W_r$。在可逆电池中，则有

$$\Delta_r G_m = -zFE \tag{5.17}$$

式（5.17）是连接电化学与热力学的桥梁，通过该式可以计算电池反应摩尔吉布斯函数变。

如果电池中各反应物质都处于标准状态（$a_B=1$）时，则有

$$\Delta_r G_m^\ominus = -zFE^\ominus \tag{5.18}$$

$E^\ominus$ 为标准电动势，是电池中各反应物均处于标准状态且不存在接界电势时电池的电动势。

5.5.3 电池反应的标准平衡常数

根据化学平衡理论可知 $\Delta_r G_m^\ominus = -RT\ln K^\ominus$

与式（5.18）结合可得到电池标准电动势与电池反应标准平衡常数的关系式

$$\ln K^\ominus = \frac{zFE^\ominus}{RT} \tag{5.19}$$

如果已知电池的标准电动势 $E^\ominus$，就可应用式（5.19）计算电池反应的标准平衡常数 $K^\ominus$。

【例 5.11】 已知电池 $Cd(s)|Cd^{2+}(a_1)||Cl^-(a_2)|Cl_2(p^\ominus)|Pt$ 的标准电动势为 1.761 V，试写出电极反应和电池反应，并计算 298.15 K 时电池反应的标准平衡常数 $K^\ominus$。

解：（1）该电池的电极反应和电池反应分别为

阳极反应 $Cd(s) \longrightarrow Cd^{2+}(a_1) + 2e^-$

阴极反应 $Cl_2(p^\ominus) + 2e^- \longrightarrow 2Cl^-(a_2)$

电池反应 $Cd(s) + Cl_2(p^\ominus) \longrightarrow Cd^{2+}(a_1) + 2Cl^-(a_2)$

（2）因为 $\ln K^\ominus = \dfrac{zFE^\ominus}{RT} = \dfrac{2\times 96\,500\times 1.761}{8.314\times 298.15} = 137.11$

所以反应的标准平衡常数 $K^\ominus = 3.52\times 10^{59}$。

5.5.4 能斯特方程

对于恒温条件下可逆电池中进行的任意电池反应，均可表示为

$$aA + bB \longrightarrow cC + dD$$

据化学反应等温方程 $\Delta_r G_m = \Delta_r G_m^\ominus + RT\ln\prod a_B^{\nu_B}$，结合式（5.17）、（5.18）有

$$E = E^\ominus - \frac{RT}{zF}\ln\prod a_B^{\nu_B} \tag{5.20}$$

式（5.20）称为电池电动势的能斯特方程。

能斯特方程表示了一定温度下可逆电池的电动势与参加电池反应的各组分活度之间的关

系。纯固体和纯液体的活度为 1，气体的活度以内 p_B/p 来表示。

对于任意电极，其电极反应可写成还原反应形式

$$氧化态 + ze^- \longrightarrow 还原态$$

z 为电极反应中电子的化学计量数，取正值。

将式（5.16）代入式（5.20），整理得

$$\varphi = \varphi^\ominus - \frac{RT}{zF}\ln\frac{a(还原态)}{a(氧化态)} \tag{5.21}$$

式（5.21）为电极电势的能斯特方程，式中的电极电势均为还原电极电势。利用该式可以计算任一电极在不同活度时的电极电势。

5.5.5 电池电动势的计算

在计算电池电动势时，首先根据电池表达式正确写出电极反应和电池反应，然后可利用以下两种方法计算电池电动势。

方法一：按式（5.21）分别算出阴极和阳极的电极电势，再按式（5.16）计算电池电动势。

方法二：根据电池反应，直接应用式（5.20）进行计算，其中 $E^\ominus = \varphi_+^\ominus - \varphi_-^\ominus$

1. 化学电池

单液电池与双液电池电动势的计算方法基本相同，既可用方法一，也可用方法二。

【例 5.12】 试计算 298.15K 时下列电池的电动势：

$$\mathrm{Pt}\,|\,\mathrm{H_2(g, 100\,kPa)}\,|\,\mathrm{HCl}\,(b = 0.1\,\mathrm{mol \cdot kg^{-1}})\,|\,\mathrm{AgCl(s)}\,|\,\mathrm{Ag(s)}$$

已知 298.15 K 时 $0.1\,\mathrm{mol \cdot kg^{-1}}$HCl 水溶液中离子平均活度系数 $\gamma_\pm = 0.796$ 。

解： 题给电池的电极反应和电池反应分别为

阳极反应 $\frac{1}{2}\mathrm{H_2(g, 100\,kPa)} \longrightarrow \mathrm{H^+}(b = 0.1\,\mathrm{mol \cdot kg^{-1}}) + \mathrm{e^-}$

阴极反应 $\mathrm{AgCl(s)+e^-} \longrightarrow \mathrm{Ag(s)+Cl^-}(b = 0.1\mathrm{mol \cdot kg^{-1}})$

电池反应 $\frac{1}{2}\mathrm{H_2(g, 100\,kPa)} + \mathrm{AgCl(s)} \longrightarrow \mathrm{Ag(s)+HCl}\,(b = 0.1\,\mathrm{mol \cdot kg^{-1}})$

查表知 298.15 K 时

$$\varphi^\ominus = \{\mathrm{H^+}\,|\,\mathrm{H_2(g}, p^\ominus)\} = 0\ ,\quad \varphi^\ominus = \{\mathrm{AgCl(s)}\,|\,\mathrm{Ag}\} = 0.222\,1\ \mathrm{V}$$

所以该电池的标准电池电动势为 $E^\ominus = \varphi_+^\ominus - \varphi_-^\ominus = 0.222\,1\ \mathrm{V}$

又知 $a(\text{Ag})=a(\text{AgCl})=1$， $p(\text{H}_2)=p^\ominus=100\ \text{kPa}$ 则

$$a(\text{H}^+)\cdot a(\text{Cl}^-)=a_\pm^2=\gamma_\pm^2(b/b^\ominus)^2=6.34\times10^{-3}$$

所以根据能斯特方程有

$$E=E^\ominus-\frac{RT}{zF}\ln\prod a_{\text{B}}^{\nu_{\text{B}}}=E^\ominus-\frac{RT}{F}\ln\frac{a(\text{Ag})\cdot a(\text{H}^+)\cdot a(\text{Cl}^-)}{\{p(\text{H}_2)p^\ominus\}^{1/2}\cdot a(\text{AgCl})}$$

$$=E^\ominus-\frac{RT}{zF}\ln[\gamma_\pm^2(b/b^\ominus)^2]=0.222\,1-0.025\,69\times\ln(6.34\times10^{-3})=0.352\,1\ (\text{V})$$

2. 浓差电池

由于浓差电池的阴、阳两电极相同，所以标准电极电势 $\varphi_+^\ominus=\varphi_-^\ominus$，从而浓差电池标准电池电动势 $E^\ominus=0$。则电池电动势计算公式变为

$$E=E^\ominus-\frac{RT}{zF}\ln\prod a_{\text{B}}^{\nu_{\text{B}}} \tag{5.22}$$

【例 5.13】 试计算 298.15 K 时下列电池的电动势：

$$\text{Pt}\,|\,\text{H}_2(\text{g},100\ \text{kPa})\,|\,\text{H}^+(a=0.500)\,|\,\text{H}_2(\text{g},80\ \text{kPa})\,|\,\text{Pt}$$

解： 该电池的电极反应和电池反应为

阳极反应 $\frac{1}{2}\text{H}_2(\text{g},100\ \text{kPa})\longrightarrow \text{H}^+(a)+\text{e}^-$

阴极反应 $\text{H}^+(a)+\text{e}^-\longrightarrow\frac{1}{2}\text{H}_2(\text{g},80\ \text{kPa})$

电池反应 $\frac{1}{2}\text{H}_2(\text{g},100\ \text{kPa})\longrightarrow\frac{1}{2}\text{H}_2(\text{g},80\ \text{kPa})$

则电池电动势为

$$E=-\frac{RT}{zF}\ln\frac{[p_2(\text{H}_2)/p^\ominus]^{1/2}}{[p_1(\text{H}_2)/p^\ominus]^{1/2}}=-\frac{8.314\times298.15}{9.65\times10^4}\times\ln\frac{(80/100)^{1/2}}{(100/100)^{1/2}}=0.002\,87\ (\text{V})$$

由此可见，电极浓差电池的电动势仅取决于两电极的浓度（或压强），而与溶液的浓度无关。

5.5.5 液体接界电势及其消除

在两种不同电解质溶液或两种不同浓度的电解质溶液界面上存在的电势差称为液体接界电势或扩散电势。液体接界电势的产生是由于溶液中离子扩散速率不同而引起的。液体接界电势较小，通常不超过 0.03 V，其大小及符号与电解质溶液的离子平均活度及电解质的本性有关。液体接界电势的存在使电池电动势的测定很难得到稳定值。因此在实际工作中必须设

法消除。消除液体接界电势的最方便的方法就是用盐桥来连接两种电解质溶液。

盐桥是用正、负离子迁移速率非常接近的高浓度强电解质（如 KCl 或 NH_4NO_3 等）加热时溶入适量琼脂，置于 U 型管中冻结而成。使用时，将 U 型管倒置，两端插入两个不同的溶液中，即可消除接界电势，加入琼脂的目的是防止盐桥中液体的流动。

5.5.6 参比电极

以氢电极为标准，测量其他电极的电极电势精确度可达 10^{-8}，但其制备比较困难，使用条件也非常苛刻，因此在实际应用中往往采用易于制备、使用方便、电极电势稳定的电极作为二级标准，称为参比电极，它们的电极电势可利用标准氢电极进行精确测定，使用时将参比电极与待测电极组成电池，测定其电动势，就能求得待测电极的电极电势。常用的参比电极有氢电极、甘汞电极和银–氯化银电极等。

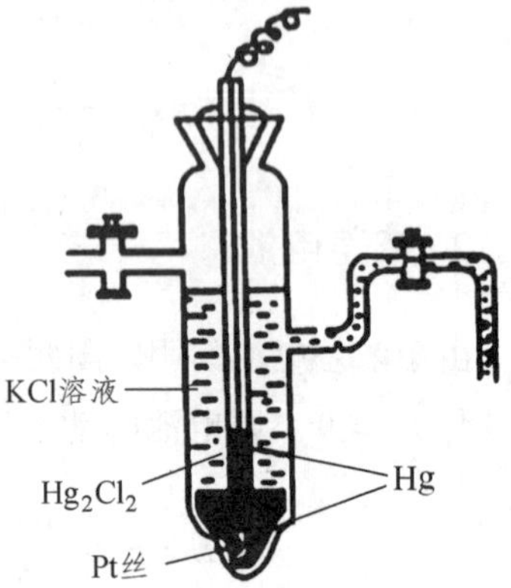

图 5.8 甘汞电极的构造如图

饱和的甘汞电极的构造如图 5.8 所示，在容器底部放少量汞，然后放入汞、甘汞（ Hg_2Cl_2 ）和氯化钾溶液形成的糊状物，最上层放入氯化钾溶液，导线为铂丝，装入玻璃管中插至容器底部。甘汞电极可表示为 $Cl^-(a)|Hg_2Cl_2(s)|Hg(l)$，其电极反应为

$$Hg_2Cl_2(s)+2e^- \longrightarrow 2Hg(l)+2Cl^-(a)$$

电极电势 φ 可表示为

$$\begin{aligned}\varphi(Hg_2Cl_2/Hg) &= \varphi^{\ominus}(Hg_2Cl_2/Hg)-\frac{RT}{2F}\ln\frac{a(H_2)^2\cdot a(Cl^-)^2}{a[Hg_2Cl_2(s)]}\\ &= \varphi^{\ominus}(Hg_2Cl_2/Hg)-\frac{RT}{F}\ln a(Cl^-)\end{aligned}$$

可见，在一定温度下，甘汞电极的电极电势只与溶液中氯离子活度的大小有关。甘汞电极容易制备，电极电势稳定，是最常用的一种参比电极。

5.6 电池电动势的测定及其应用

5.6.1 电池电动势的测定

可逆电池的电动势是指当电池中工作电流为零时两个工作电极之间的电势差，因此电动势的测定必须在电流接近于零的条件下进行。为此可在待测电池的外电路上加一个方向相反但数值相等的外加电动势，使电路中无电流通过，此时外电路的电压值即为待测电池的电动势，这种方法称为对消法。对消法测电池电动势的电路图如图 5.9 所示。

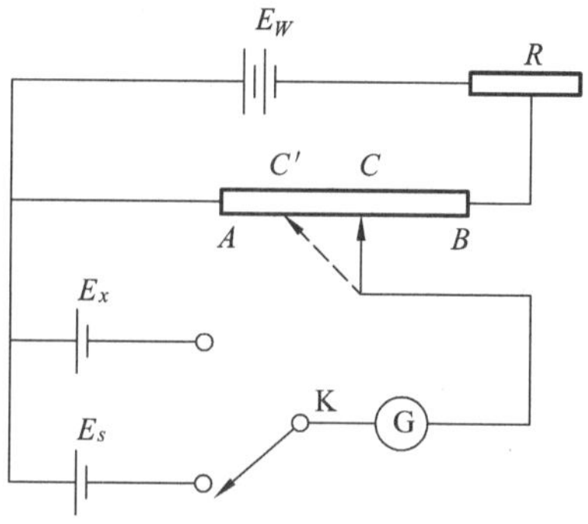

图 5.9　对消法测电池电动势的电路图

工作电池经均匀的 AB 电阻构成通路，在 AB 电阻上产生均匀的电势降。先将电键 K 与已知电动势（ E_s ）的标准电池相连，移动滑动接触点 C，使检流计中无电流通过，此时 AC 间的电势降等于标准电池的电动势。再将电键 K 与待测电池相连，用同样的方法找出检流计中无电流通过的另一点 C'，则待测电池的电动势（ E_x ）就等于 AC' 间的电势降，因电势差与电阻线的长度成正比，故待测电池的电动势为

$$E_x = E_s \frac{\overline{AC'}}{\overline{AC}}$$

读出均匀滑线长度 $\overline{AC}$ 及 $\overline{AC'}$，即可得到待测电池的电动势 E_x。在实际工作中，根据这一原理制成一种专门测电动势的仪器，叫作电位差计。工作时，只要利用一个电动势已知的标准电池先进行校正，再测未知电池，便可直接读出电池电动势的数值。

5.6.2　韦斯顿标准电池

韦斯顿标准电池是一个高度可逆、电动势已知且数值长期稳定不变的标准电池。实验室常用韦斯顿标准电池配合电位差计测定其他电池的电动势。

韦斯顿标准电池的表达式如下：

$$12.5\%\text{（汞齐）}\ CdSO_4 \cdot \frac{8}{3}H_2O(s) \,|\, CdSO_4\text{饱和溶液}\,|H_2SO_4(s)\,|\,Hg(1)$$

韦斯顿标准电池的构造如图 5.10 所示。电池的阳极是含质量分数为 12.5%镉的镉汞齐，将其浸入硫酸镉溶液中。阴极为汞与硫酸亚汞的糊状体，将此糊状体也浸入硫酸镉的饱和溶液中。在糊状体的下面放置少量汞是为了使引出的导线与糊状体紧密接触。

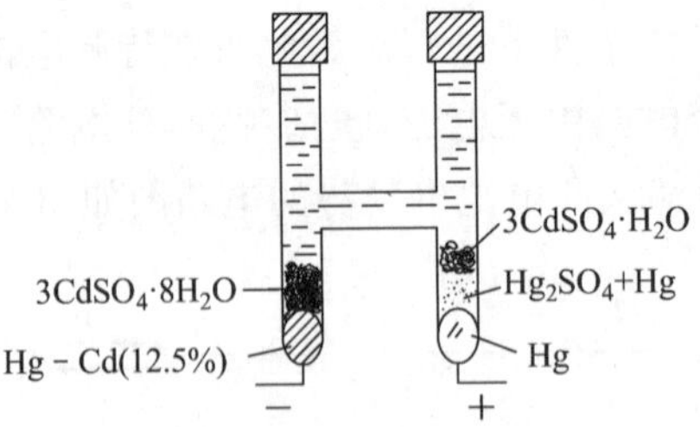

图 5.10　韦斯顿标准电池的构造图

韦斯顿标准电池的电极反应和电池反应为

阳极反应　　$Cd（汞齐）+ SO_4^{2-} + \frac{8}{3}H_2O \longrightarrow CdSO_4 \cdot \frac{8}{3}H_2O(s) + 2e^-$

阴极反应　　$Hg_2SO_4(s) + 2e^- \longrightarrow 2Hg(1) + SO_4^{2-}$

电池反应　　$Cd（汞齐）+ Hg_2SO_4(s) + \frac{8}{3}H_2O \longrightarrow CdSO_4 \cdot \frac{8}{3}H_2O(s) + 2Hg(1)$

在 293.15 K 时，韦斯顿标准电池的电动势 E 为 1.018 45 V，298.15 K 时，电池电动势 E 为 1.018 32 V，其他温度时

$$E = [1.018\,45 - 4.05\times10^{-5}\times(T-293.15) - 9.5\times10^{-7}\times(T-293.15)$$
$$+(T-293.15)^2 + 1\times10^{-8}\times(T-293.15)^3]\ \mathrm{V}$$

由上式可知，此电池的电动势受温度的影响很小，电动势稳定且使用寿命长。

5.6.3　电动势测定的应用

1. 求化学反应的标准平衡常数

【例 5.14】 求 298.15 K 时 AgCl 在水中的溶度积常数 K_{sp}，已知 $\varphi^{\ominus}(Ag^+|Ag) = 0.799\,1\ \mathrm{V}$，$\varphi^{\ominus}(Cl^-\,|\,AgCl/Ag) = 0.222\,4\ \mathrm{V}$。

解： AgCl 在水中的溶解平衡为 $AgCl(s) \longrightarrow Ag^+[a(Ag^+)] + Cl^-[a(Cl^-)]$

将该反应设计成原电池，电池可表示为

$$Ag(s)\,|\,Ag^+[a(Ag^+)]\,\|\,Cl^-[a(Cl^-)]\,|\,AgCl(s)\,|\,Ag(s)$$

阳极反应 $Ag(s) \longrightarrow Ag^+[a(Ag^+)] + e^-$

阴极反应 $AgCl(s) + e^- \longrightarrow Ag(s) + Cl^-[a(Cl^-)]$

电池反应 $AgCl(s) \longrightarrow Ag^+[a(Ag^+)] + Cl^-[a(Cl^-)]$

标准电池电动势 $E^{\ominus} = \varphi_+^{\ominus} - \varphi_-^{\ominus} = 0.222\,4 - 0.799\,1 = -0.576\,7\ \mathrm{V}$

所以 $\ln K_{sp}(\text{AgCl}) = \frac{zE^{\ominus}F}{RT} = \frac{-0.576\,7 \times 96\,500}{8.314 \times 298.15} = -22.45$

$$K_{sp}(\text{AgCl}) = 1.78 \times 10^{-10}$$

2. 测定电解质溶液离子的平均活度系数

因为电池的电动势与电池中各物质的活度有关，因此测定电池的电动势并利用能斯特方程就可以求得电解质溶液的平均活度系数。

【例 5.15】 298.15 K 时，测得原电池 $\text{Pt}\,|\,\text{H}_2(p^{\ominus})\,|\,\text{HCl}(0.1\text{mol} \cdot \text{kg}^{-1})\,|\,\text{AgCl(s)}\,|\,\text{Ag(s)}$ 的电动势 $E = 0.35\text{V}$，已知电极的标准电极电势 $\varphi^{\ominus}(\text{Cl}^-\,|\,\text{AgCl}\,|\,\text{Ag}) = 0.22\ \text{V}$，写出电极反应和电池反应，并求浓度为 0.1 mol · kg^{-1} 的盐酸溶液的离子平均活度系数 $\gamma_{\pm}$。

解：题给电池的电极反应和电池反应分别为

阳极反应 $\frac{1}{2}\text{H}_2(p^{\ominus}) \longrightarrow \text{H}^+[a(\text{H}^+)] + \text{e}^-$

阴极反应 $\text{AgCl(s)} + \text{e}^- \longrightarrow \text{Ag(s)} + \text{Cl}^-[a(\text{Cl}^-)]$

电池反应 $\frac{1}{2}\text{H}_2(p^{\ominus}) + \text{AgCl(s)} \longrightarrow \text{H}^+[a(\text{H}^+)] + \text{Ag(s)} + \text{Cl}^-[a(\text{Cl}^-)]$

该电池的标准电池电动势

$$E^{\ominus} = \varphi^{\ominus}(\text{Cl}^-\,|\,\text{AgCl}\,|\,\text{Ag}) - \varphi^{\ominus}(\text{H}^+\,|\,\text{H}_2) = 0.22 - 0 = 0.22\ (\text{V})$$

$$E = E^{\ominus} - \frac{RT}{zF}\ln\frac{a(\text{H}^+) \cdot a(\text{Cl}^-)}{p(\text{H}_2)/(p^{\ominus})^{1/2}} = E^{\ominus} - \frac{RT}{F}\ln a_{\pm}^2$$

则

$$0.35 = 0.22 - \frac{8.314 \times 298.15}{1 \times 9.65 \times 10^4}\ln a_{\pm}^2$$

解之得 $a_{\pm} = 0.079\,6$

又有

$$b_{\pm} = (b \cdot b)^{1/2} = b = 0.1\,(\text{mol} \cdot \text{kg}^{-1})$$

$$a_{\pm} = \gamma_{\pm}\frac{b_{\pm}}{b^{\ominus}}$$

则 $0.079\,6 = \gamma_{\pm}\frac{0.1}{1}$

所以 $\gamma_{\pm} = 0.796$

3. 测定溶液 pH

测定溶液的 pH 实际上就是测定溶液中氢离子的活度或浓度，测定原理是把对氢离子可逆的电极插入待测溶液中，与一个参比电极相连组成电池，测出该电池的电池电动势，即可求出溶液的 pH。参比电极常用甘汞电极，常用的氢离子浓度指示电极为氢电极醌氢醌电极和玻璃电极等。

（1）氢电极法。

把氢电极插入待测液，和甘汞电极构成电池。电池表达式为

$\mathrm{Pt}\,|\,\mathrm{H_2}(\mathrm{g}, p^{\ominus})\,|$ 待测液 $[a(\mathrm{H^+})]\,\|$ 甘泵电极

$$\varphi(\mathrm{H^+/H_2}) = \varphi^{\ominus}(\mathrm{H^+/H_2}) - \frac{2.303\,RT}{F}\ln\frac{1}{a(\mathrm{H^+})} = -\frac{2.303\,RT}{F}\mathrm{pH}$$

此电池电动势 $E = \varphi(\text{甘汞}) = \varphi(\mathrm{H^+|H_2}) = \varphi(\text{甘汞}) + \dfrac{2.303RT}{F}\mathrm{pH}$

所以温度为 298.15 时，溶液 pH 的计算公式为

$$\mathrm{pH} = \frac{E-\varphi(\text{甘汞})}{0.059\,16} \tag{5.23}$$

用氢电极法测定溶液的 pH 要求使用纯度较高的氢气，还要维持恒定的压强，实际操作比较困难，并且氢电极不易制备、不稳定，因此通常只是用来进行 pH 的标定和其他核对工作。

（2）醌氢醌电极法。

醌氢醌是醌（Q）和氢醌（$\mathrm{QH_2}$，即对苯二酚）的等分子复合物，在水中的溶解度很小，将少量该化合物放入含有 $\mathrm{H^+}$ 的待测溶液中，并插入一惰性金属（Pt 丝或 Au 丝）形成电极，此电极可表示为 $\mathrm{Pt|Q-QH_2}$ 溶液，$\mathrm{H^+}(a)$，电极反应为

$$\mathrm{Q}[a(\mathrm{Q})] + 2\mathrm{H^+}(a) + 2\mathrm{e^-} \longrightarrow \mathrm{QH_2}[a(\mathrm{QH_2})]$$

因为醌氢醌是等分子复合物，在水中的溶解度又小，所以可认为醌和氢醌的活度系数都等于 1，因而 $a(Q) = a(\mathrm{H_2Q})$。又已知 298.15 K 时 $\varphi^{\ominus}(\mathrm{Q\,|\,H_2Q}) = 0.699\,5$，所以，当 $T = 298.15$ K 时，有

$$\varphi(\mathrm{Q\,|\,H_2Q}) = 0.699\,5 - 0.591\,6\,\mathrm{pH}$$

如果将醌氢醌电极和甘汞电极组成如下电池：

饱和甘汞电极 $\|\,\mathrm{Q-H_2Q}$，待测液 $a(\mathrm{H^+})\,|\,\mathrm{Pt}$

就可以根据饱和甘汞电极的电极电势求溶液的 pH，如 298.15 K 时饱和甘汞电极的电极电势为 0.280 1 V，则电池电动势为

$$E = \varphi(\mathrm{Q\,|\,H_2Q}) = \varphi(\text{甘汞}) = 0.699\,5 - 0.591\,6\,\mathrm{pH} - 0.280\,1$$

即
$$pH=\frac{0.4194-E}{0.05916} \tag{5.24}$$

醌氢醌电极制备简单，使用方便，但只适用于酸性和中性溶液中.

（3）玻璃电极法。

玻璃电极是测定溶液 pH 最常用的指示电极，其构造如图 5.11 所示。玻璃管下端是一个由特种玻璃（72%SiO_2，22%Na_2O，6%CaO）制成的玻璃膜球，球内装入 0.1 mol · kg^{-1} 的盐酸溶液或已知 pH 的其他缓冲溶液，溶液中插入一根 Ag–AgCl 电极作为参比电极，其电极可表示为

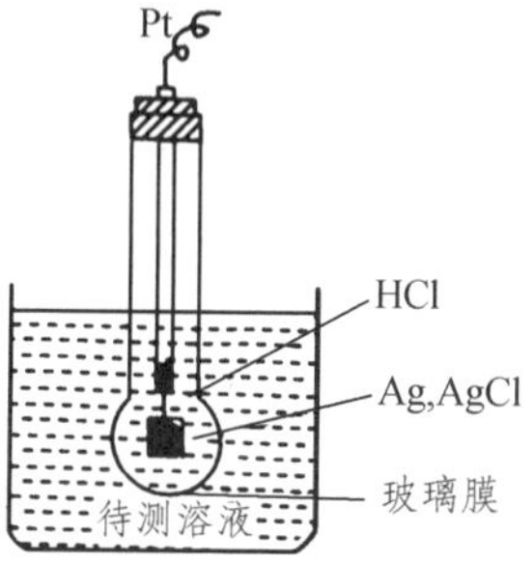

图 5.11　玻璃电极的构造

$Ag(s)\,|\,AgCl(s)\,|\,HCl(0.1mol\cdot kg^{-1})\,|$待测溶液

$$\varphi(\text{玻璃})=\varphi^{\ominus}(\text{玻璃})-\frac{RT}{F}\ln\frac{1}{a(H^+)}=\varphi^{\ominus}(\text{玻璃})-0.05916\,pH$$

如果玻璃电极与甘汞电极组成如下电池

$Ag\,|\,AgCl(s)\,|\,HCl(0.1mol\cdot kg^{-1})\,|$待测溶液$\|$甘汞电极

298.15 K 时，电池电动势

$$E=\varphi(\text{甘汞})-\varphi(\text{玻璃})=\varphi(\text{甘汞})-[\varphi^{\ominus}(\text{玻璃})-0.05916\,pH]$$

$$pH=\frac{E-\varphi(\text{甘汞})-\varphi^{\ominus}(\text{玻璃})}{0.05916} \tag{5.25}$$

式中 $\varphi^{\ominus}$(玻璃)对于某给定玻璃电极是一个常数，对于不同的玻璃电极其电极电势有所不同。使用时，一般用已知 pH 的标准缓冲溶液进行标定，测出电池电动势 E，求出 $\varphi^{\ominus}$(玻璃)，然后对未知溶液进行测定，计算出 pH。pH 计就是一种由玻璃电极和毫伏计组成的装置，是一种利用玻璃电极测定未知溶液 pH 的专用仪器，其刻度就是依据上述关系得到的。

【例 5.16】 298.15 K 时，用电池 $Pt\,|\,H_2(g,p^{\ominus})\,|$待测液$[a(H^+)]\,\|\,KCl(0.1mol\cdot kg^{-1})\,|\,Hg_2Cl_2(s)\,|\,Hg(l)$ 测定溶液 pH，当用 pH 为 6.86 的磷酸缓冲液时，测得电动势 $E_1=0.7409$ V，当换成某未知溶液时，测得 $E_2=0.6097$ V，求未知溶液的 pH。[已知 φ(甘汞)=0.2801]

解：（1）根据已知条件求 $\varphi^{\ominus}$（玻璃）

根据式（5.25）有

$$pH=[E_1-\varphi(\text{甘汞})+\varphi^{\ominus}(\text{玻璃})]/0.059\,16$$

$$\varphi^{\ominus}(\text{玻璃})=0.059\,16\,pH+\varphi(\text{甘汞})-E_1$$
$$=0.059\,16\times6.86+0.280\,1-0.740\,9=-0.055\,0\ (V)$$

（2）求未知溶液的 pH

$$pH=\frac{E_2-\varphi(\text{甘汞})+\varphi^{\ominus}(\text{玻璃})}{0.05916}=\frac{0.609\,7-0.280\,1-0.055\,0}{0.059\,16}=4.64$$

4. 判断氧化还原反应的方向

根据 $\Delta_r G_m=-zFE$ 可知

$\Delta_r G_m<0$ 时，$E>0$，反应自发正向进行；

$\Delta_r G_m=0$ 时，$E=0$，反应处于平衡状态；

$\Delta_r G_m>0$ 时，$E<0$，反应自发逆向进行。

【例 5.17】 用电动势法判断在 298.15 K 时下述反应能否自发进行。

$$2Fe^{2+}(a_1=1.0)+I_2(s)\longrightarrow 2I^-(a_3=1.0)+2Fe^{3+}(a_2=1.0)$$

已知 $\varphi^{\ominus}(I_2\,|\,I^-)=0.54\ V$，$\varphi^{\ominus}(Fe^{3+}\,|\,Fe^{2+})=0.77\ V$

解： 该反应可设计成如下电池

$$Pt\,|\,Fe^{3+}(a_3=1.0),\ Fe^{2+}(a_1=1.0)\,||\,I^-(a_3=1.0)\,|\,I_2(s)\,|\,Pt$$

电极反应和电池反应分别为

阳极反应 $2Fe^{2+}(a_1=1.0)\longrightarrow 2Fe^{3+}(a_2=1.0)+2e^-$

阴极反应 $I_2(s)+2e^-\longrightarrow 2I^-(a_3=1.0)$

电池反应 $2Fe^{2+}(a_1=1.0)+I_2(s)\longrightarrow 2I^-(a_3=1.0)+2Fe^{3+}(a_2=1.0)$

电池反应与所给化学反应完全相同。因为反应中各物质都处于标准状态，所以

$$E=E^{\ominus}=\varphi^{\ominus}(I_2\,|\,I^-)-\varphi^{\ominus}(Fe^{3+}\,|\,Fe^{2+})=0.54-0.77=-0.23\ (V)<0$$

$E<0$，说明所设计的原电池为非自发电池，该反应不能自发进行。

判断某反应能否自发进行，也可由吉布斯函数变 $\Delta_r G_m$ 进行判断，如上述例题中

$$\Delta_r G_m=-zFE=-2\times(-0.23)\times96\,500=44.39\ (kJ\cdot mol^{-1})>0$$

反应不能自发进行，两种方法判断结果一致。

5.7 极化作用

前面研究的可逆电池在充、放电时通过的电流为无限小，这时的电极电势为平衡电极电势，实际的电极过程都有一定量的电流通过，是在不可逆的状态下进行的，这就导致电极电势偏离平衡电极电势。这种有电流通过电极时，电极电势偏离平衡值的现象称为电极极化。

5.7.1 分解电压

1. 分解电压

能够使某电解质溶液连续进行电解所需要的最小外加电压，称为该电解质的分解电压。如图 5.12 所示，将两个铂电极放入 1 mol · dm^{-3} 的盐酸溶液中，并分别将两电极与直流电源的正、负极相连形成电解池，图中 G 和 V 分别为电流表和电压表。将电压从零开始逐渐增大，记录不同电压下通过电解池的电流，绘制如图 5.13 所示的电压电流关系图。当外加电压很小时，电路中几乎没有电流通过，随着电压的逐渐加大，电流略有增加，当电压增加到某一数值后，电流就随电压的增加直线上升。此时所对应的电压就是使电解质连续进行电解所需要的最小外加电压，即分解电压，用 $E_{分解}$ 表示。

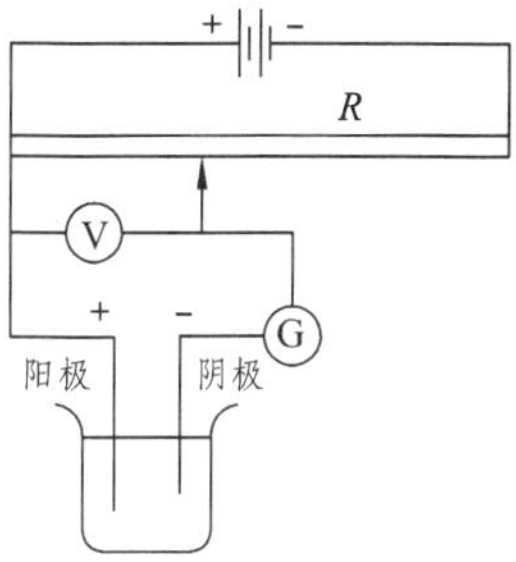

图 5.12　测定分解电压装置图

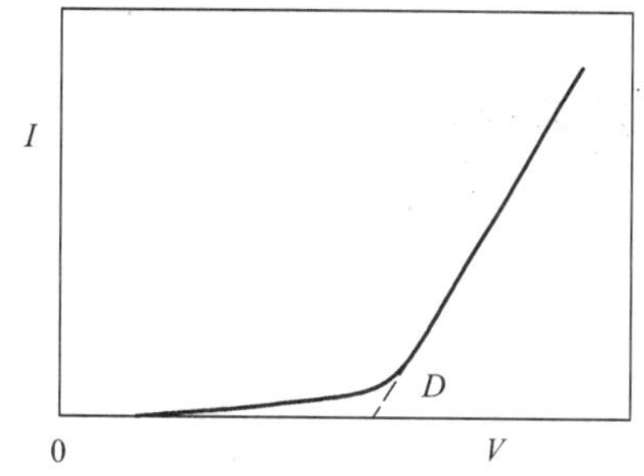

图 5.13　测定分解电压的电流–电压图

2. 分解电压的计算

在外加电压的作用下，溶液中的正、负离子分别向电解池的阴极和阳极运动，发生如下电极反应和电池反应：

阳极反应 $2Cl^-(a) \longrightarrow Cl_2(g) + 2e^-$

阴极反应 $2H^+(a) + 2e^- \longrightarrow H_2(g)$

电池反应 $2Cl^-(a) + 2H^+(a) \longrightarrow Cl_2(g) + H_2(g)$

HCl 电解产生的 H_2 和 Cl_2 吸附在两个电极上，与溶液中的正，负离子构成如下原电池：

$$\mathrm{Pt}\,|\,\mathrm{H_2(g)}\,|\,\mathrm{HCl(1mol\cdot dm^{-3})}\,|\,\mathrm{Cl_2(g)}\,|\,\mathrm{Pt}$$

在电解池中，电解产物 H_2 和 Cl_2 与电解质溶液形成的原电池的电动势与外加电压方向相反，称为反电动势。当外加电压小于分解电压时，气体不能逸出液面，此时电路中仍有微小电流，当外加电压达到分解电压时，H_2 和 Cl_2 的压强达到大气压而从溶液逸出，此时电极电势称为产物的析出电势。

理论上分解电压在数值上应等于电解产物形成的原电池的反电动势，如 298.15 K、100 kPa 条件下，H_2 和 Cl_2 形成的原电池，其反电动势为

$$E_{分解}=E_{反}=E_{反}^{\ominus}-\frac{RT}{2F}\ln\left[a^2(\mathrm{H^+})\cdot a^2(\mathrm{Cl^-})\right]$$
$$=\varphi^{\ominus}(\mathrm{Cl_2}\,|\,\mathrm{Cl^-})-\frac{RT}{2F}\ln(\gamma_{\pm}\cdot b_{\pm})^2=1.369\ (\mathrm{V})$$

该值即为 HCl 的理论分解电压。

事实上，理论分解电压总小于实际分解电压，即分解电压总大于相应原电池的反电动势，表 5.5 列出了一些常见电解质溶液的分解电压，$E_{分解}$和 $E_{理论}$分别表示分解电压和相应的原电池电动势即理论分解电压。

表 5.5　常见电解质的分解电压

电解质	浓度 $c/(\mathrm{mol\cdot dm^{-3}})$	电解产物	$E_{分解}/\mathrm{V}$	$E_{理论}/\mathrm{V}$
HNO_3	1	H_2和O_2	1.69	1.23
H_2SO_4	0.5	H_2和O_2	1.67	1.23
H_3PO_4	1	H_2和O_2	1.70	1.23
$NaNO_3$	1	H_2和O_2	1.69	1.23
KOH	1	H_2和O_2	1.67	1.23
NaOH	1	H_2和O_2	1.69	1.23
$CdSO_4$	0.5	Cd和O_2	2.03	1.26
$NiCl_2$	0.5	Ni和Cl_2	1.85	1.64

5.7.2　极化作用和超电势

从上面的分析可以看出，实际的电解过程中，随着电流密度的增大，电极电势偏离平衡电极电势的程度也增大。将在某一电流密度下电极电势与其平衡电极电势之差的绝对值称为该电极的超电势或过电势，用η表示，则

$$\eta=|\varphi-\varphi(平)| \tag{5.26}$$

所以η的大小可以表示电极极化的程度。

1905年塔菲尔根据实验总结出氢气的超电势η与电流密度的关系式

$$\eta = a + b\ln J \tag{5.27}$$

式中，a、b为经验常数；J为电流密度，单位为$A \cdot m^{-2}$。

造成极化的原因很多，主要有浓差极化和电化学极化。

（1）浓差极化。

当电流通过电极时，电极上产生或消耗了某种离子，离子的扩散速率慢于离子消耗的速率，导致电极附近离子的浓度与本体溶液中的浓度不同，从而使电极电势偏离电极的平衡电势，这种现象称为浓差极化。浓差极化的程度与温度、搅拌情况、电流密度等因素有关，但由于电极表面扩散层的存在，浓差极化不可能完全除去。

（2）电化学极化。

电化学极化是指在电极反应过程中，若电极反应的速率较小，外加电源提供的电子不能被及时消耗，使电极表面积累了多于平衡状态的电子，电极表面上自由电子数量的增多而使阴极电势低于平衡值，这种由于电化学反应本身的迟缓性而引起的极化称为电化学极化。

5.7.3 极化曲线

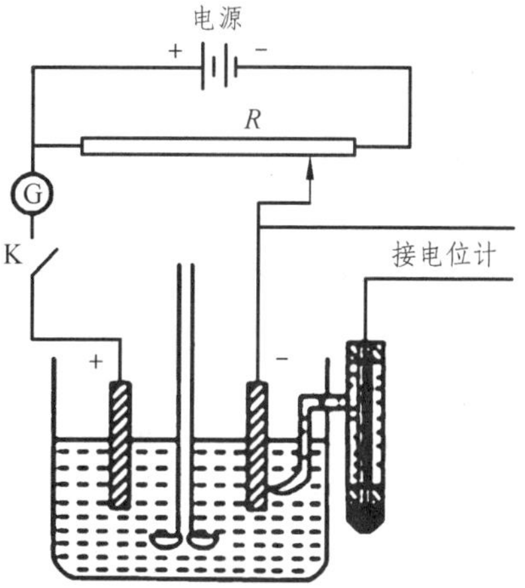

图5.14 测定极化曲线的装置

极化曲线是描述电极电势随电流密度变化的曲线，可由图5.14所示的仪器装置测定。如图中所示，电解池中装有电解质溶液、搅拌器和两个表面积确定的电极（阴极为待测电极）。将两个电极通过开关K、电流计G和可变电阻R相连。调节可变电阻R可改变通过电极的电流，电流强度可由安培计读出，将得到的电流强度除以浸入电解质溶液中待测电极的表面积，就得到电流密度J（$A \cdot m^{-2}$）。为了测定待测电极在不同电流密度下的电极电势，常在电解池中加入一个甘汞电极作参比电极。将待测电极和甘汞电极连上电位计，由电位计测出不同电流密度下的电动势，由于参比电极的电极电势是已知的，故可以得到不同电流密度时待测电极的电极电势。以电极电势φ为纵坐标，电流密度J为横坐标，将测定的数据作图，就可以得到电解池阳极、阴极的极化曲线。如图5.15（a）所示，极化的结果使电解池阴极电势变得更负，以增加对正离子的吸引力，使还原反应的速率加快；同样极化也使电解池阳极电势变得更正，以增加对负离子的吸引力，使氧化反应的速率加快。

在一定电流密度下，有

$$\eta^{+} = \varphi(\text{阳}) - \varphi(\text{阳，平}) \tag{5.28}$$

$$\eta^{-} = \varphi(\text{阴，平}) - \varphi(\text{阴}) \tag{5.29}$$

综上所述，无论是电解池还是原电池，阴极极化的结果使电极电势变得更负，阳极极化的结果使电极电势变得更正。当两个电极组成电解池时，由于电解池的阳极是正极，电势高，阴极是负极，电势低，阳极电极电势的数值大于阴极电极电势，所以在电极电势对电流密度的图中，阳极极化曲线位于阴极极化曲线的上方，如图 5.15（a）所示。随着电流密度的增加，超电势增加，所需外加电压也越大，消耗的电能也越多。在原电池中刚好相反，原电池的阳极是负极，电势低，阴极是正极，电势高，所以在电极电势对电流密度的图中，阳极极化曲线位于阴极极化曲线的下方，如图 5.15（b）所示。所以原电池端点的电势差随着电流密度的增大而减小，即随着电池放电电流密度的增加，原电池所做的功减小。

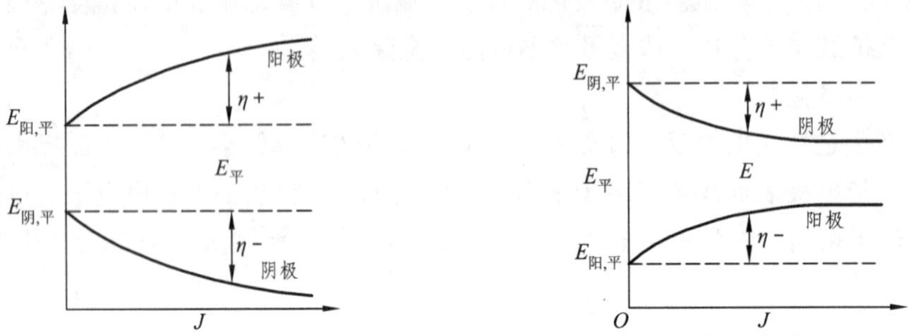

（a）电解池　　（b）原电池

图 5.15　极化曲线示意图

5.7.4　电解时的电极反应

在电解含有多种电解质的溶液时，如果阳极和阴极上均有多种反应可能发生，则电极电势高的还原反应优先在阴极进行，电极电势低的氧化反应优先在阳极进行。因此，要判断哪种离子最先进行电极反应，首先要根据各电极反应物的活度或压强计算出各电极反应的极化电极电势。如果不考虑浓差极化，可根据下式进行计算

$$\varphi(\text{阳})=\varphi(\text{阳，平})+\eta(\text{阳})$$
$$\varphi(\text{阴})=\varphi(\text{阴，平})-\eta(\text{阴})$$

阳极上优先发生氧化反应的极化电极电势与阴极上优先发生还原反应的极化电极电势之差，即为分解电压。外加电压与电极电势的关系为

$$E(\text{外})=\varphi(\text{阳})-\varphi(\text{阴})=E(\text{平})+\eta(\text{阳})+\eta(\text{阴}) \tag{5.30}$$

【例 5.18】298.15 K 时，用镍电极进行镀镍。每千克镍溶液中含有 270 g $NiSO_4\cdot 5H_2O$。已知氢气在 Ni 上的超电势为 0.42 V，氧气在 Ni 上的超电势为 0.10 V，问在阴极和阳极上首先析出或溶解的可能是哪些物质？（可认为该溶液为中性溶液）

解：（1）溶液中可能在阴极上发生反应的离子有 Ni^{2+}和 H^+，查表可知

$$\varphi^{\ominus}(Ni^{2+}\,|\,Ni)=-0.250\text{ V}，\varphi^{\ominus}(H^+\,|\,H_2)=0$$

如果阴极反应为　$Ni^{2+}\left[a(Ni^{2+})\right]+2e^- \longrightarrow Ni(s)$

由于金属析出的超电势很小，在电流密度不太大时可忽略不计，则

$$\varphi(Ni^{2+}\mid Ni)=\varphi^{\ominus}(Ni^{2+}|Ni)+\frac{RT}{2F}\ln a(Ni^{2+})$$
$$=-0.250+\frac{RT}{2F}\ln\frac{270}{244.7}=-0.247\ V$$

如果阴极反应为　$2H^+\left[a(H^+)\right]+2e^- \longrightarrow H_2(p^{\ominus})$

$$\varphi(H^+\mid H_2)=\varphi^{\ominus}(H^+|H_2)+\frac{RT}{2F}\ln a(H^+)-\eta^-$$
$$=\frac{RT}{2F}\ln 10^{-7}-0.42=-0.625\ V$$

因为 $\varphi(Ni^{2+}\mid Ni)>\varphi(H^+|H_2)$，所以阴极上首先析出的是 Ni。

（2）可能在阳极上发生反应的有 Ni 和 H_2O，查表可知

$$\varphi^{\ominus}(O_2|H_2O\mid H^+)=1.229\ V$$

如果阳极反应为　$H_2O \longrightarrow \frac{1}{2}O_2(p^{\ominus})+2H^++2e^-$

$$\varphi(O_2\mid H_2O\mid H^+)=\varphi^{\ominus}(O_2\mid H_2O\mid H^+)+\frac{RT}{2F}\ln a(H^+)+\eta^+$$
$$=1.229+\frac{RT}{2F}\ln 10^{-7}+0.10=1.125\ V$$

如果阳极反应为　$Ni(s) \longrightarrow Ni^{2+}\left[a(Ni^{2+})\right]+2e^-$

$$\varphi(Ni^{2+}\mid Ni)=-0.247\ V$$

因为 $\varphi(Ni^{2+}\mid Ni)<\varphi(O_2\mid H_2O\mid H^+)$，所以阳极上首先发生的是 Ni 的溶解。

所以，根据极化电极电势的大小，可以确定电解过程中在电极上析出物质的先后顺序和难易程度，以控制实际生产中电解产物的析出次序，获得纯度较高的产品。

5.8 金属的腐蚀与防护

5.8.1 金属的腐蚀

所谓金属腐蚀，是指金属和金属制品在使用或放置过程中，由于和环境中的水汽、氧气和酸性氧化物发生化学或电化学作用而遭到破坏的现象。

按腐蚀的机理划分，金属腐蚀可分为化学腐蚀和电化学腐蚀两大类。化学腐蚀是金属直

接与干燥气体、有机物等接触而变质损坏的现象。电化学腐蚀是金属与环境中其他物质形成微电池，金属作为阳极发生电极反应而被破坏的现象。两种腐蚀的区别在于腐蚀过程中有无电流产生。金属的电化学腐蚀是最常见的、危害非常严重的腐蚀。

金属的电化学腐蚀的过程，实际上就是大量微小的原电池工作的过程。当两种不同的金属相连（或者是金属与其自身的杂质），并且同时与含电解质溶液的介质相接触时，就形成了一个原电池。

例如，空气中的酸性氧化物溶解在水中就形成了含有 H^+ 的电解质溶液，浸泡在水中的铁板作为电极就形成了原电池，Fe 作为阳极发生氧化反应，如果铁板里含有比 Fe 不活泼的金属杂质如 Cu 等，则 Cu 作阴极，所以 H^+ 在 Cu 上放电发生还原反应生成 H_2，而铁作为阳极不断溶解而腐蚀，此情况下发生的腐蚀称为析氢腐蚀。

如果将铁板放置在潮湿的空气中，空气中又有较多的酸性氧化物或盐雾，铁板也会很快生锈。在这种情况下仍然是 Fe 作阳极，被氧化成 Fe^{2+}，这种在有氧存在的条件下发生的腐蚀叫做耗氧腐蚀，铁锈就是 Fe^{2+}、Fe^{3+} 及其氧化物的混合物。

综上所述，金属与电解质溶液接触所发生的腐蚀，其机理与原电池的工作机理相同，这种电化学腐蚀过程中的原电池称为腐蚀电池。

5.8.2　金属的防护

金属腐蚀的防护方法很多，主要有采用金属或非金属保护层、金属的钝化和电化学保护等。

1. 保护层法防护

保护层有非金属保护层和金属保护层两类。

常用的非金属保护层有油漆、搪瓷、玻璃、沥青和多种类型的高分子材料，在金属设备上覆盖一层非金属材料，使之无法与介质接触。

金属保护层是在被保护的金属表面镀上一层其他的耐腐蚀金属或合金，可以防止或减缓金属被腐蚀，如在铁上镀 Ni、Cr、Zn、Sn 等。

2. 金属的钝化

当金属外面包裹了一层致密的氧化物后，里面的金属将得到保护，不被腐蚀，这种现象叫作金属的钝化。

3. 电化学防腐

（1）牺牲阳极保护法。

将被保护金属与电极电势比被保护金属更低的金属连接在一起，构成原电池。电极电势较低的金属作为阳极被氧化，而被保护金属作阴极而避免了被腐蚀。如海上航行的轮船常镶嵌锌块以此保护船体，这种方法虽然被保护金属避免了被腐蚀，但要消耗大量的锌。

（2）阴极电保护法。

用外加直流电源将被保护金属与负极相接，使其作为阴极，将正极接到一些废金属上，使之成为牺牲阳极。一些运输酸性溶液的管道就是采用这种方法来保护管道不被酸液腐蚀。

（3）阳极电保护法。

阳极电保护法即电化学钝化法，将直流电源的正极连接到被保护的金属上，使被保护的金属进行阳极极化，电极电势升高，金属钝化而避免了腐蚀。如化肥厂的碳化塔就是采用这种方法进行防腐的。

4. 加缓蚀剂保护

缓蚀剂的作用一般是降低阳极或阴极腐蚀的速度，或者是覆盖在电极表面从而达到防腐目的。常见的无机缓蚀剂如硅酸盐、正磷酸盐、亚硝酸盐和铬酸盐等。由于该方法中缓蚀剂用量少，方便经济，所以是一种常用的防腐方法。

习　题

一、判断题

1. 定温定压下，溶质加入稀溶液中，则不产生体积效应和热效应。

2. 定温定压下，溶质加入理想溶液中，不产生体积效应和热效应。

3. 利用稀溶液的依数性可测定溶剂的分子量。

4. 对一确定组成的溶液来说，如果选取不同的标准态，则组分 B 的活度及活度系数也不同。

5. 溶液的化学势等于溶液中各组分化学势之和。

6. 对于电池 $Zn|ZnSO_4(aq)||AgNO_3(aq)|Ag$，其中的盐桥可以用饱和 KCl 溶液。

7. 无限稀电解质溶液的摩尔电导率可以看成是正、负离子无限稀摩尔电导率之和，这一规律只适用于强电解质。

8. 德拜–休克尔公式适用于强电解质。

9. 电解质的无限稀摩尔电导率 Λ 可以由 Λ_m 作图外推到 $c_{1/2} = 0$ 得到。

二、选择题

1. 下列电池中，哪个电池反应不可逆？（　　）

A. $Zn|Zn^{2+}||Cu^{2+}|Cu$　　B. $Zn|H_2SO_4|Cu$

C. $Pt，H_2(g)|HCl(aq)|AgCl，Ag$　　D. $Pb，PbSO_4|H_2SO_4|PbSO_4，PbO_2$

2. 铅蓄电池放电时，正极发生的电极反应是（　　）。

A. $2H^+ + 2e \longrightarrow H_2$　　B. $Pb \longrightarrow Pb^{2+} + 2e^-$

C. $PbSO_4 + 2e \longrightarrow Pb + SO_4^{2-}$　　D. $PbO_2 + 4H^+ + SO_4^{2-} + 2e^- \longrightarrow PbSO_4 + 2H_2O$

3. 下列溶液中哪个溶液的摩尔电导最大?(　　)

A. 0.1 M KCl 水溶液　　B. 0.001 M HCl 水溶液

C. 0.001 M KOH 水溶液　　D. 0.001 M KCl 水溶液

4. 对于混合电解质溶液，下列表征导电性的量中哪个不具有加和性？(　　)

A. 电导　　B. 电导率

C. 摩尔电导率　　D. 极限摩尔电导

5. 在一定温度和较小的浓度情况下，增大强电解质溶液的浓度，则溶液的电导率 κ 与摩尔电导 Λ_m 变化为(　　)。

A. κ 增大，Λ_m 增大　　B. κ 增大，Λ_m 减少

C. κ 减少，Λ_m 增大　　D. κ 减少，Λ_m 减少

6. 科尔劳施的电解质当量电导经验公式 $\Lambda = \Lambda_\infty - Ac^{1/2}$，这规律适用于(　　)。

A. 弱电解质溶液　　B. 强电解质稀溶液

C. 无限稀溶液　　D. 浓度为 $1\ \text{mol}\cdot\text{dm}^{-3}$ 的溶液

三、问答题

1. 阳极、阴极、正极、负极是怎样定义的?原电池与电解池的电极名称有什么不同，各电极的对应关系是怎样的?

2. 电导率与浓度的关系如何?摩尔电导率与浓度的关系如何?

3. 标准氢电极及其电极电势规定为零的条件是什么?为什么常用甘汞电极做参比电极，而不用标准氢电极?

4. 什么叫极化?产生极化的原因主要有哪些?原电池和电解池的极化曲线有什么异同?

5. 金属电化学腐蚀机理是什么?金属防腐的主要方法有哪些?

四、计算题:

1. 电池 $\text{Pb}\,|\,\text{PbSO}_4(\text{s})\,|\,\text{Na}_2\text{SO}_4\cdot 10\,\text{H}_2\text{O}$ 饱和溶液 $|\,\text{HgSO}_4(\text{s})\,|\,\text{Hg}$ 25℃时电动势 $E = 0.964\,7\ \text{V}$。

(1) 写出电池反应;

(2) 计算 25℃时反应的吉布斯函数 $\Delta_r G_m$，并指明各电池反应是否能自发进行。

2. 电池 $\text{Pt}\,\text{H}_2(\text{g},100\ \text{kPa})\,|\,\text{HCl}(b = 0.1\ \text{mol}\cdot\text{kg}^{-1})\,|\,\text{Cl}_2(\text{g},100\ \text{kPa})\text{Pt}$，在 25 ℃ 时电动势 $E = 1.488\,1\ \text{V}$，试计算 HCl 溶液中 HCl 的离子平均活度系数 $\gamma_\pm$。

3. 已知25℃时AgBr的溶度积$K_{sp} = 4.88\times10^{-13}$, $\varphi^\ominus(\text{Ag}^+/\text{Ag}) = 0.799\,4\ \text{V}$, $\varphi^\ominus(\text{Br}_2/\text{Br}^-) = 1.065\ \text{V}$，试计算 25℃时，求(1) Ag-AgBr 电极的标准电极电势 $E^\ominus[\text{AgBr(s)/Ag}]$;

(2) AgBr(s)的标准生成吉布斯自由能。

6 第六章　化学平衡

学习要求

（1）理解摩尔反应吉布斯自由能的定义。
（2）掌握运用摩尔反应吉布斯自由能进行化学反应方向的判断。
（3）掌握理想气体反应的等温方程。
（4）掌握标准平衡常数的计算方法。
（5）掌握有关平衡转化率及平衡组成的计算。
（6）理解标准摩尔生成吉布斯函数的概念。
（7）掌握温度、浓度、压力、惰性气体及原料配比对化学平衡的影响及其应用。
（8）了解热力学在化学工艺中的应用。

在一定温度、压力、组成条件下，任何一个化学反应可以同时向正、反两个方向进行。当正，反两方向的反应速率相等时，反应系统就达到了平衡状态，即化学平衡。若条件改变，旧平衡将被破坏，并建立新的平衡，这就是化学平衡的移动。

在实际工业生产中，利用化学反应生产某种产品需要知道该化学反应是否能够发生，如何通过控制反应的条件来提高反应物的转化率和产物的产率并进行有关计算，这些都是生产技术人员应具备的技能。

本章主要讨论化学反应的方向和化学平衡的特点；平衡常数及平衡转化率的计算；浓度、温度、压力等因素对化学平衡的影响以及热力学在化工制药生产的应用。

6.1 化学反应的方向和平衡条件

6.1.1 化学平衡

在同一条件下，既能向正反应方向进行，同时又能向逆反应方向进行的反应，叫作可逆反应。例如，高温高压有催化剂的情况下，N_2 和 H_2 反应可以生成 $NH_3(g)$；同时 $NH_3(g)$ 也可以生成 N_2 和 H_2。这两个反应可用方程式表示为

$$N_2(g)+3H_2(g) \underset{催化剂}{\overset{高温高压}{\rightleftharpoons}} 2NH_3(g)$$

有些情况下，逆向反应的程度非常小，可以略去不计，这种反应通常称为单向反应。如常温下，将 2 mol 氢气与 1 mol 氧气的混合物用电火花引爆，就可以转化为水，这时普通的方法检测不出剩余的氢气和氧气。

$$O_2(g)+H_2(g) \longrightarrow H_2O(g)$$

在一定的条件（温度、压力）下，当化学反应达到平衡状态时，参加反应的各种物质的浓度不再改变。而在微观上，反应并未停止，正逆反应仍在进行，只是正逆反应速率相等，因此化学平衡是动态平衡。当外界条件（如温度、浓度等）发生变化，原平衡状态随之被破坏，建立新的平衡。

6.1.2 化学反应的方向

自然界中一切自发进行的过程都是有方向的。例如，水可以自发地由高水位流到低水位，水流的方向可以用水位差 $\Delta h < 0$ 判断；热可以自发地由高温物体传递到低温物体，热流的方向可以用温度差 $\Delta T < 0$ 判断；气体可以自发地从高压流向低压，气流的方向可以用压力差 $\Delta p < 0$ 判断。那么化学反应的方向如何判断呢?热力学第二定律用 ΔG 来判断过程进行的方向，如果封闭系统经历一个等温等压且没有非体积功的过程，封闭系统的吉布斯函数总是自动地从高向低进行，直到达到平衡。这是人类长期实践经验总结出来的普遍规律，对于化学反应也不例外。在等温、等压且不做非体积功的情况下，化学反应的方向也可以利用反应前后吉布斯函数的变化作为判据，即

$$\Delta G_{T,P,W'=0} \leqslant 0 \begin{pmatrix} < 不可逆，自发 \\ = 可逆，平衡 \end{pmatrix}$$

那么对于一个化学反应，反应前后的吉布斯函数变化如何表示?这里我们引入摩尔反应吉布斯函数和标准摩尔反应吉布斯函数的概念。

6.1.3 标准摩尔反应吉布斯函数

在恒温、恒压、不做非体积功和组成不变的条件下，无限大量的反应系统中发生 1 mol 化学反应所引起系统的吉布斯函数的变化，称为摩尔反应吉布斯函数，用符号 $\Delta_r G_m$ 表示，单位为 $J \cdot mol^{-1}$，下角标“r”表示反应，“m”表示每摩尔。如果化学反应是在标准状态（$p_B = 100$ kPa，$c = 1\ mol \cdot L^{-1}$）下进行，则称为标准摩尔反应吉布斯函数，用符号 $\Delta_r G_m^{\ominus}$ 表示。

$\Delta_r G_m$ 的数值取决于化学反应本身，也与温度、压力及其组成有关。随着反应的进行，$\Delta_r G_m$ 的数值由负值不断增大，当它为零时，化学反应达到平衡。以 $\Delta_r G_m$ 作为化学反应方向的判据，有

$$\Delta_r G_m \leqslant 0 \begin{pmatrix} < \text{不可逆，自发} \\ = \text{可逆，平衡} \end{pmatrix}$$

6.2 化学反应的平衡常数及等温方程式

6.2.1 平衡常数的各种表示方法

当化学反应达到平衡时，各物质的浓度不再改变，称为平衡浓度。此时，可通过用平衡浓度表示的化学平衡常数来描述反应进行的程度。

1. 标准平衡常数

（1）气相反应，设在恒温恒压下，如下理想气体化学反应达到了平衡，即

$$e\mathrm{E(g)} + f\,\mathrm{F(g)} \rightleftharpoons \mathrm{M(g)} + n\,\mathrm{N(g)}$$

平衡时各物质平衡分压 p_E p_F p_M p_N

$K^\ominus$ 的表达式为

$$K^\ominus = \frac{(p_M / p^\ominus)^m (p_N / p^\ominus)^n}{(p_E / p^\ominus)^e (p_F / p^\ominus)^f} = \prod_B (p_B / p^\ominus)^{\nu_B} \tag{6.1}$$

式中 p_B——组分 B 的平衡分压，Pa；

$p^\ominus$——标准压力，100 kPa 或 10^5 Pa；

$K^\ominus$——用物质的分压力表示的标准平衡常数，无量纲；

ν_B——反应方程式计量系数，无量纲，对产物计量系数取正值，对反应物取负值。

（2）液相反应：恒温、恒压下，如下液体化学反应达到了平衡，即

$$e\mathrm{E(l)} + f\,\mathrm{F(l)} \rightleftharpoons m\mathrm{M(l)} + \mathrm{nN(l)}$$

平衡时各物质平衡浓度 c_E c_F c_M c_N

$K_c^\ominus$ 的表达式

$$K_c^\ominus = \frac{\left(c_M / c^\ominus\right)^m \left(c_N / c^\ominus\right)^n}{\left(c_E / c^\ominus\right)^e \left(c_F / c^\ominus\right)^f} = \prod_B \left(c_B / c^\ominus\right)^{\nu_B} \tag{6.2}$$

式中　c_{B}——组分 B 的平衡浓度，mol · L^{-1} 或 mol · L^{-3}；

$c^{\ominus}$——标准浓度，$c^{\ominus} = 1\ \mathrm{mol \cdot L^{-1}} = 1\,000\ \mathrm{mol \cdot m^{-3}}$；

$K_c^{\ominus}$——用物质的浓度表示的标准平衡常数，无量纲。

2. 平衡常数的其他表示方法

气体混合物组成可以用分压力 p_{B}、摩尔分数 y_{B}、物质的量 n_{B} 或浓度 c_{B} 表示，实际计算中，为方便起见，平衡常数也可用上述各种浓度方式表示的 K_p、K_y、K_n 和 K_c 来表示。仍以上述理想气体化学反应为例：

$$e\mathrm{E(g)} + f\,\mathrm{F(g)} \rightleftharpoons m\mathrm{M(g)} + \mathrm{nN(g)}$$

（1）K_p 的表达式

$$K_p = \frac{p_{\mathrm{M}}^m p_{\mathrm{N}}^n}{p_{\mathrm{E}}^e p_{\mathrm{F}}^f} = \prod_{\mathrm{B}} p_{\mathrm{B}}^{\nu_{\mathrm{B}}} \tag{6.3}$$

$K_c^{\ominus}$ 和 K_p 的关系

$$\begin{aligned} K_c^{\ominus} &= \prod_{\mathrm{B}} \left(p_{\mathrm{B}} / p^{\ominus}\right)^{\nu_{\mathrm{B}}} = \prod_{\mathrm{B}} p_{\mathrm{B}}^{\nu_{\mathrm{B}}} \left(p^{\ominus}\right)^{-\sum \nu_{\mathrm{B}}} \\ &= K_p \left(p^{\ominus}\right)^{-\sum \nu_{\mathrm{B}}} \end{aligned} \tag{6.4}$$

式中　K_p——用分压表示的平衡常数，单位 $(\mathrm{Pa})^{\sum \nu_{\mathrm{B}}}$；

$p^{\ominus}$——标准压力，100 kPa；

$K^{\ominus}$——标准平衡常数，无量纲；

$\sum \nu_{\mathrm{B}}$——反应方程式中计量系数代数和，无量纲。

（2）K_y 的表达式

$$K_y = \frac{y_{\mathrm{M}}^m y_{\mathrm{N}}^n}{y_{\mathrm{E}}^e y_{\mathrm{F}}^f} = \prod_{\mathrm{B}} y_{\mathrm{B}}^{\nu_{\mathrm{B}}} \tag{6.5}$$

$K^{\ominus}$ 和 K_y 的关系

$$\begin{aligned} K^{\ominus} &= \prod_{\mathrm{B}} \left(p_{\mathrm{B}} / p^{\ominus}\right)^{\nu_{\mathrm{B}}} = \prod_{\mathrm{B}} \left(y_{\mathrm{B}} p / p^{\ominus}\right)^{\nu_{\mathrm{B}}} = \prod_{\mathrm{B}} y_{\mathrm{B}}^{\nu_{\mathrm{B}}} \left(p / p^{\ominus}\right)^{-\sum \nu_{\mathrm{B}}} \\ &= K_y \left(p / p^{\ominus}\right)^{\sum \nu_{\mathrm{B}}} \end{aligned} \tag{6.6}$$

式中　K_y——用分压表示的平衡常数，单位 $(\mathrm{Pa})^{\sum \nu_{\mathrm{B}}}$；

p——标准压力，100 kPa；

$K^{\ominus}$、$p^{\ominus}$、$\sum \nu_{\mathrm{B}}$——同式（6.4）中表示的量。

（3）K_n 的表达式

$$K_n = \frac{n_{\mathrm{M}}^m n_{\mathrm{N}}^n}{n_{\mathrm{E}}^e n_{\mathrm{F}}^f} = \prod_{\mathrm{B}} n_{\mathrm{B}}^{\nu_{\mathrm{B}}} \tag{6.7}$$

$K^{\ominus}$ 和 K_n 的关系

$$\begin{aligned} K^{\ominus} &= \prod_{\mathrm{B}} \left(p_{\mathrm{B}} / p^{\ominus}\right)^{\nu_{\mathrm{B}}} = \prod_{\mathrm{B}} \left(\frac{n_{\mathrm{B}}}{\sum n_{\mathrm{B}}} \times \frac{p}{p^{\ominus}}\right)^{\nu_{\mathrm{B}}} = \prod_{\mathrm{B}} n_{\mathrm{B}}^{\nu_{\mathrm{B}}} \left(\frac{p}{p^{\ominus} \sum n_{\mathrm{B}}}\right)^{\sum \nu_{\mathrm{B}}} \\ &= K_n \left(\frac{p}{p^{\ominus} \sum n_{\mathrm{B}}}\right)^{\sum \nu_{\mathrm{B}}} \end{aligned} \tag{6.8}$$

式中　K_n——用物质的量表示的平衡常数，单位 $(\mathrm{mol})^{\sum \nu_{\mathrm{B}}}$；

$\sum n_{\mathrm{B}}$——平衡时各气体的物质的量之和，单位 mol；

p——反应达到平衡时气体的总压力，单位 Pa；

$K^{\ominus}$、$p^{\ominus}$、$\sum \nu_{\mathrm{B}}$——同式（6.4）中表示的量。

（4）K_c 的表达式，以上述液相反应为例

$$K_c = \frac{c_{\mathrm{M}}^m c_{\mathrm{N}}^n}{c_{\mathrm{E}}^e c_{\mathrm{F}}^f} = \prod_{\mathrm{B}} c_{\mathrm{B}}^{\nu_{\mathrm{B}}} \tag{6.9}$$

$K_c^{\ominus}$ 和 K_c 的关系

$$\begin{aligned} K_c^{\ominus} &= \prod_{\mathrm{B}} \left(c_{\mathrm{B}} / c^{\ominus}\right)^{\nu_{\mathrm{B}}} = \prod_{\mathrm{B}} c_{\mathrm{B}}^{\nu_{\mathrm{B}}} \left(c^{\ominus}\right)^{-\sum \nu_{\mathrm{B}}} \\ &= K_{\mathrm{c}} \left(c^{\ominus}\right)^{-\sum \nu_{\mathrm{B}}} \end{aligned} \tag{6.10}$$

式中，K_{c} 为用浓度表示的平衡常数，单位$(\mathrm{mol \cdot L^{-1}}$ 或 $\mathrm{mol \cdot m^{-3}})^{\sum \nu_{\mathrm{B}}}$。

3. 有纯态凝聚相参加的理想气体反应平衡常数

参加化学反应的各物质并不一定都处在同一个相中，这种物质处于不同相中的反应称为多相反应。本章讨论的多相反应除有气相外，还有固态或液态纯物质凝聚相参加的反应。例如

$$c\mathrm{C}(g) + d\mathrm{D}(\mathrm{l}) \rightleftharpoons h\mathrm{H}(g) + l\mathrm{L}(\mathrm{s})$$

反应达到平衡时，平衡常数的关系同样适用，即

$$K^{\ominus} = \frac{\left(p_{\mathrm{H}} / p^{\ominus}\right)^h \left(p_{\mathrm{L}} / p^{\ominus}\right)^l}{\left(p_{\mathrm{C}} / p^{\ominus}\right)^c \left(p_{\mathrm{D}} / p^{\ominus}\right)^d}$$

对于纯固体或纯液体，在一定温度下反应达到平衡时的平衡分压即为该温度下固体或液体的饱和蒸气压，而纯固体和纯液体的饱和蒸气压在数值上只与温度有关，与纯固体和纯液体的数量无关，因此反应温度恒定时，可以把纯固体或纯液体的饱和蒸气压看为常数，合并

到标准平衡常数中，上述平衡常数表达式可写成

$$K^{\ominus}=\frac{\left(p_{\mathrm{H}}/p^{\ominus}\right)^{h}}{\left(p_{\mathrm{C}}/p^{\ominus}\right)^{c}}=\prod_{\mathrm{B}}\left(p_{\mathrm{B}(气)}/p^{\ominus}\right)^{\nu_{\mathrm{B}}} \tag{6.11}$$

因此在常压下，表示多相反应的标准平衡常数 $K^{\ominus}$ 时，只用气相各组分的平衡分压即可，不涉及纯态凝聚相。

关于平衡常数的三点说明：

（1）平衡常数表达式必须与计量方程式相对应。同一个化学反应，以不同的计量方程式表示时，其平衡常数的数值不同。例如，合成氨反应：

$$\mathrm{N_2(g)+3H_2(g)\rightleftharpoons 2NH_3(g)}$$

$$K_1^{\ominus}=\frac{\left(p_{\mathrm{NH_3}}/p^{\ominus}\right)^{2}}{\left(p_{\mathrm{N_2}}/p^{\ominus}\right)\left(p_{\mathrm{H_3}}/p^{\ominus}\right)^{3}}$$

$$\frac{1}{2}\mathrm{N_2(g)}=\frac{3}{2}\mathrm{H_2(g)}\rightleftharpoons \mathrm{NH_3(g)}$$

$$K_2^{\ominus}=\frac{p_{\mathrm{NH_3}}/p^{\ominus}}{\left(p_{\mathrm{N_2}}/p^{\ominus}\right)^{\frac{1}{2}}\left(p_{\mathrm{H_2}}/p^{\ominus}\right)^{\frac{3}{2}}}$$

显然，$K_1^{\ominus}=\left(K_2^{\ominus}\right)^{2}$。

（2）仅标准平衡常数的数值只与温度有关，而与其他因素无关；其他平衡常数 K_p、K_y、K_n 和 K_c 的数值不仅与温度有关，还与浓度、压力、原料配比等因素有关。

（3）正逆向反应平衡常数互为倒数，即

$$K_{逆}=\frac{1}{K_{正}}$$

6.2.2 化学反应等温方程式

一般情况下，化学反应是在恒温和不做非体积功下进行的，影响化学反应方向及平衡组成的因素主要是反应体系的本性及反应物的配比，可以用化学等温方程式表示如下。

对理想气体化学反应 $e\mathrm{E(g)}+f\mathrm{F(g)}\rightleftharpoons m\mathrm{M(g)}+n\mathrm{N(g)}$ 等温方程为

$$\Delta_{\mathrm{r}}G_{\mathrm{m}}=\Delta_{\mathrm{r}}G_{\mathrm{m}}^{\ominus}+RT\ln Q_p \tag{6.12}$$

式中 $\Delta_{\mathrm{r}}G_{\mathrm{m}}$——摩尔反应吉布斯函数，$\mathrm{J\cdot mol^{-1}}$；

$\Delta_{\mathrm{r}}G_{\mathrm{m}}^{\ominus}$——标准摩尔反应吉布斯函数，$\mathrm{J\cdot mol^{-1}}$；

T——热力学温度，K；

Q_p——压力商，无量纲，其表达式如下：

$$Q_p = \frac{\left(p_{\mathrm{M}} / p^{\ominus}\right)^m \left(p_{\mathrm{N}} / p^{\ominus}\right)^n}{\left(p_{\mathrm{E}} / p^{\ominus}\right)^e \left(p_{\mathrm{F}} / p^{\ominus}\right)^f} = \prod_{\mathrm{B}} \left(p_{\mathrm{B}} / p^{\ominus}\right)^{\nu_{\mathrm{B}}} \tag{6.13}$$

Q_p是非平衡时，生成物各组分分压力比标准压力的幂指数积与反应物各组分的分压力比标准压力的幂指数积的商，称为压力商。其表达式与标准平衡常数表达式相同，但意义不同。标准平衡常数是反应达到平衡时的压力商。

对于纯液相反应 $e\mathrm{E(l)} + f\mathrm{F(l)} \rightleftharpoons m\mathrm{M(l)} + n\mathrm{N(l)}$ 化学反应等温方程式可以写成

$$\Delta_{\mathrm{r}} G_{\mathrm{m}} = \Delta_{\mathrm{r}} G_{\mathrm{m}}^{\ominus} + RT \ln Q_c \tag{6.14}$$

式中，Q_c为化学反应任意时刻的浓度商。

$$Q_c = \frac{\left(c_{\mathrm{M}} / c^{\ominus}\right)^m \left(c_{\mathrm{N}} / c^{\ominus}\right)^n}{\left(c_{\mathrm{E}} / c^{\ominus}\right)^e \left(c_{\mathrm{F}} / c^{\ominus}\right)^f} \tag{6.15}$$

对气相反应，随着化学反应的进行，各反应组分的分压不断变化，反应系统的吉布斯函数不断减小，当反应达到平衡时

$$\Delta_{\mathrm{r}} G_{\mathrm{m}} = \Delta_{\mathrm{r}} G_{\mathrm{m}}^{\ominus} + RT \ln Q_p(\text{平衡}) = 0$$

此时的压力商 $$Q_p = \frac{\left(p_{\mathrm{M}} / p^{\ominus}\right)_{\text{平衡}}^m \left(p_{\mathrm{N}} / p\right)_{\text{平衡}}^n}{\left(p_{\mathrm{E}} / p^{\ominus}\right)_{\text{平衡}}^e \left(p_{\mathrm{J}} / p\right)_{\text{平衡}}^j} = K^{\ominus}$$

$$\Delta_{\mathrm{r}} G_{\mathrm{m}}^{\ominus} = -RT \ln K^{\ominus} \tag{6.16}$$

或者 $$K^{\ominus} = \exp\left(-\Delta_{\mathrm{r}} G_{\mathrm{m}}^{\ominus} / RT\right) \tag{6.17}$$

根据标准态的规定，气体的标准态为温度 T 时，压力 $p = p^{\ominus} = 100\ \mathrm{kPa}$ 下的纯理想气体状态，因此 $\Delta_{\mathrm{r}} G_{\mathrm{m}}^{\ominus}$ 仅仅是温度的函数，$K^{\ominus}$ 也仅是温度的函数。

将式（6.16）代入式（6.12）得

$$\Delta_{\mathrm{r}} G_{\mathrm{m}}^{\ominus} = -RT \ln K^{\ominus} + RT \ln Q_p(\text{平衡}) \tag{6.18}$$

比较 $K^{\ominus}$ 与 Q_p 的大小也可以判断反应进行的方向和限度：

若 $K^{\ominus} > Q_p$，则 $\Delta_{\mathrm{r}} G_{\mathrm{m}}^{\ominus} < 0$，反应正向自发进行；

若 $K^{\ominus} = Q_p$，则 $\Delta_{\mathrm{r}} G_{\mathrm{m}}^{\ominus} = 0$，反应达到平衡；

若 $K^{\ominus} < Q_p$，则 $\Delta_{\mathrm{r}} G_{\mathrm{m}}^{\ominus} > 0$，反应逆向自发进行。

【例 6.1】已知 298 K 时 $CH_4(g)$ 和 $H_2O(g)$ 反应如下：

（1）$CH_4(g)+H_2O(g) \rightleftharpoons CO(g)+3H_2(g)$ $K_1^{\ominus}=1.2\times10^{-25}$

（2）$CH_4(g)+H_2O(g) \rightleftharpoons CO(g)+4H_2(g)$ $K_2^{\ominus}=1.3\times10^{-25}$

求反应（3）$CH_4(g)+H_2O(g) \rightleftharpoons 2CO(g)+2H_2(g)$ 的标准平衡常数 $K_3^{\ominus}$。

解：因为反应（3）= 2×反应（1）－反应（2）；$\Delta_r G_m^{\ominus}$ 只取决于始终态，而与过程所经历的途径无关，所以有

$$\Delta_r G_{m,3}^{\ominus}=2\Delta_r G_{m,1}^{\ominus}-\Delta_r G_{m,2}^{\ominus}$$

$$-RT\ln K_3^{\ominus}=-2RT\ln K_1^{\ominus}-\left(-RT\ln K_2^{\ominus}\right)$$

$$K_3^{\ominus}=\frac{K_1^{\ominus 2}}{K_3^{\ominus 2}}=\frac{\left(1.2\times10^{-25}\right)^2}{1.3\times10^{-20}}1.1\times10^{-30}$$

6.3 有关化学平衡的计算

平衡常数不仅可以用来衡量一个化学反应在一定条件下是否达到了平衡，还能用来计算平衡转化率、平衡组成、标准反应吉布斯函数，通过实际产率与平衡产率的比较，可以发现生产条件及工艺上存在的问题。

6.3.1 关于平衡常数的计算

【例 6.2】在 973 K 时，已知反应 $CO_2(g)+C(s) \rightleftharpoons 2CO(g)$ 的 $K_p=90\,180\text{ Pa}$，计算该反应的 $K^{\ominus}$ 和 $K_c^{\ominus}$。

解：

$$K^{\ominus}=\frac{\left(p_{CO}/p^{\ominus}\right)^2}{p_{CO_2}/p^{\ominus}}=\frac{p^2{}_{CO}}{p_{CO_2}}\times\frac{1}{p^{\ominus}}=K_p\frac{1}{p^{\ominus}}=90\,180\times\frac{1}{10^5}=0.90$$

$$K^{\ominus}=K_c^{\ominus}\left(c^{\ominus}RT/p^{\ominus}\right)^{\sum\nu_B}$$

$$0.90=K_c^{\ominus}(1\times8.314\times979/10^5)^1$$

$$K_c^{\ominus}=1.113\times10^{-2}$$

【例 6.3】0.5 dm^3 的容器内装有 1.588 g 的 $N_2O_4(g)$，在 25℃下 $N_2O_4(g)$ 与 $N_2O_4(g) \rightleftharpoons 2NO_4(g)$ 反应部分解离，测得解离达平衡时容器的压力为 101.325 kPa。求上述解离反应的 $K^{\ominus}$。

解：设 $N_2O_4(g)$ 未解离前的物质的量为 n_0，达平衡时余下的 $N_2O_4(g)$ 之物质产量为 n，根据反应，应有如下关系：

$$N_2O_4(g) \rightleftharpoons 2NO_2(g)$$

开始时	n_0	0
平衡时	n	$2(n_0 - n)$

而
$$n_0 = \frac{m_{0(N_2O_4)}}{M_{N_2O_4}} = \frac{1.588}{92} = 0.01726\ (\text{mol})$$

平衡时容器内总的物质的量

$$n_{总} = n + 2n_0 - 2n = 2n_0 - n = 0.03452 - n\ (\text{mol})$$

$$pV = n_{总}RT = (0.034\,52 - n)RT$$

$$0.034\,52 - n = pV / RT$$

$$\begin{aligned} n &= 0.034\,52 - pV / RT \\ &= 0.345\,2 - 101\,325\ \text{Pa} \times 0.5 \times 10^{-3} / (8.314 \times 298.15) \\ &= 0.014\,08\ (\text{mol}) \end{aligned}$$

$$\begin{aligned} K^{\ominus} &= K_n\left[p / \left(p^{\ominus}\sum \nu_B\right)\right]^{\sum \nu_B} \\ &= \frac{[2(n_0 - n)]^2}{n} \times \left[\left(p / p^{\ominus}\right)\left(0.034\,52 - n\right)\right]^{2-1} \\ &= \frac{(2 \times 0.003\,18)^2}{0.014\,08} \times \frac{101.325}{100} \times \frac{1}{0.034\,52 - 0.014\,08} \\ &= 0.142 \end{aligned}$$

【例 6.4】已知，可逆反应 $2SO_3(g) \rightleftharpoons 2SO_2(g) + O_2(g)$ 在 1 000 K，该反应的 $\Delta_r G_m^{\ominus}$ 为 10 291.69 J · mol^{-1}，求在此温度，标准压强下，该反应的 $K^{\ominus}$。

解：根据公式 $K^{\ominus} = \exp\left(-\Delta_r G_m^{\ominus} / RT\right)$ 有

$$K^{\ominus} = \exp\left(-\Delta_r G_m^{\ominus} / RT\right) = \exp[(-10\,291.69) / (8.134 \times 1\,000)] = 0.29$$

6.3.2 关于平衡组成的计算

平衡转化率是指反应达到平衡时已转化的某种反应物与该反应物投料量之比，即

$$转化率 = \frac{平衡时某反应物消耗掉的量}{该反应物的投料量} \times 100\%$$

产率是指反应达到平衡时转化为指定产物的某反应物与该反应物投料量之比，即

$$产率=\frac{平衡时转化为指定产物的某反应物的量}{该反应物的投料量}\times 100\%$$

对于某些分解反应也将反应物的平衡转化率称为解离度。若无副反应，则产率等于转化率，若有副反应，则产率小于转化率。

【例 6.5】在 400 K、1 000 kPa 条件下，由 1 mol 乙烯与 1 mol 水蒸气反应生成乙醇气体，测得标准平衡常数为 0.099，试求在此条件下乙烯的转化率，并计算平衡时系统中各物质的浓度。（气体可视为理想气体）

解：设 C_2H_4 的转化率为 α：

$$C_2H_4(g)+H_2O(g) \rightleftharpoons C_2H_5OH(g)$$

开始时	1	1	α
平衡时	$1-\alpha$	$1-\alpha$	α

平衡后混合物总量 $(1-\alpha)+(1-\alpha)-\alpha=2-\alpha$

$$K^{\ominus}=\frac{\left(\dfrac{\alpha}{2-\alpha}\right)\left(\dfrac{p}{p^{\ominus}}\right)}{\left(\dfrac{1-\alpha}{2-\alpha}\right)^2\left(\dfrac{p}{p^{\ominus}}\right)^2}=0.099$$

由题给数据可知，$p=1\,000\ \text{kPa}$，因此求得 $\alpha=0.291$，即乙烯的转化率为 29.1%。平衡系统中各物质的摩尔分数为

$$y_{C_2H_4}=\frac{1-\alpha}{2-\alpha}=\frac{0.709}{1.709}=0.415$$

$$y_{H_2O}=\frac{1-\alpha}{2-\alpha}=\frac{0.709}{1.709}=0.415$$

$$y_{C_2H_5OH}=\frac{\alpha}{2-\alpha}=\frac{0.291}{1.709}=0.170$$

6.4 影响化学平衡的因素

虽然化学反应的标准平衡常数只与温度有关，与参加反应的物质的浓度及压力无关，但其他化学平衡常数却与物质的浓度及压力等因素有关，改变这些因素都有可能会影响化学平衡，下面我们就来具体讨论这些因素对化学平衡的影响。

6.4.1 温度对化学平衡的影响

温度对化学平衡的影响主要体现在温度对标准平衡常数的影响上。通常情况下，可依据热力学数据计算 298 K 的标准平衡常数，但实际的化工制药生产中，很多化学反应并不在常温下进行，此时若要求出该温度下的 $K^{\ominus}(T)$，就需要研究温度对 $K^{\ominus}$ 的影响。

在等压条件下，用热力学方法可以推导出热力学平衡常数与温度的关系式，称为化学反应等压方程，该方程也常称为范特霍夫方程。其表达式为

$$\left(\frac{\mathrm{d}\ln K^{\ominus}}{\mathrm{d}T}\right)_p=\frac{\Delta_r H_m^{\ominus}}{RT^2} \tag{6.19}$$

式中 $K^{\ominus}$——标准平衡常数，无量纲；

$\Delta_r H_m^{\ominus}$——标准摩尔反应焓，$\mathrm{J\cdot mol^{-1}}$；

R——摩尔气体常数，其值为 $8.314\ \mathrm{J\cdot mol^{-1}\cdot K^{-1}}$；

T——热力学温度，K。

式（6.19）为标准平衡常数随温度变化的微分形式。由该式可以看出：

当 $\Delta_r H_m^{\ominus}>0$，即为吸热反应时，温度升高将使 $K^{\ominus}$ 增大，有利于正相反应的进行；

当 $\Delta_r H_m^{\ominus}<0$，即为放热反应时，温度升高将使 $K^{\ominus}$ 减小，不利于正相反应的进行。

这与以前早已熟悉的化学平衡移动原理一致。

当温度变化范围较小时，$\Delta_r H_m^{\ominus}$ 随温度的变化可以忽略，或者在所讨论的范围内 $\Delta_r H_m^{\ominus}$ 近似看作常数，即可将式（6.19）进行积分，有

定积分：
$$\ln\frac{K_2^{\ominus}}{K_1^{\ominus}}=-\frac{\Delta_r H_m^{\ominus}}{R}\left(\frac{1}{T_2}-\frac{1}{T_1}\right) \tag{6.20a}$$

或
$$\lg\frac{K_2^{\ominus}}{K_1^{\ominus}}=-\frac{\Delta_r H_m^{\ominus}}{2.303R}\left(\frac{1}{T_2}-\frac{1}{T_1}\right) \tag{6.20b}$$

式中 $K_2^{\ominus}$——温度 T_2 时的标准平衡常数，无量纲；

$K_1^{\ominus}$——温度 T_1 时的标准平衡常数，无量纲。

不定积分：
$$\ln K^{\ominus}=-\frac{\Delta_r H_m^{\ominus}}{RT}+C \tag{6.21a}$$

或
$$\ln K^{\ominus}=-\frac{\Delta_r H_m^{\ominus}}{2.303RT}+C' \tag{6.21b}$$

式中 $K^{\ominus}$——温度 T 时的标准平衡常数，无量纲；

C，C'——不定积分常数，无量纲。

通过实验测定不同温度下的 $K^{\ominus}$，由 $\ln K^{\ominus}$ 对 $1/T$ 作图，得一直线，直线的斜率为 $-\Delta_r H_m^{\ominus}/R$，

由此可以求得 $\Delta_r H_m^\ominus$。

【例 6.6】在 1 137 K、101.325 kPa 条件下，反应 $Fe(s)+H_2O(g) \rightleftharpoons FeO(s)+H_2(g)$ 达到平衡时，$H_2(g)$ 的平衡分压力 $p_{H_2}=60.0\,kPa$；压力不变而将反应温度升高至 1 298 K 时，平衡分压力 $p'_{H_2}=56.93\,kPa$。求：

（1）1 137~1 298 K 范围内上述反应的标准摩尔反应焓 $\Delta_r H_m^\ominus$（在此温度范围内为常数）；

（2）1 200 K 下上述反应的 $\Delta_r H_m^\ominus$。

解：（1）反应：　$Fe(s)+H_2O(g) \rightleftharpoons FeO(s)+H_2(g)$

平衡时	1 137 K	41.325 kPa	60.0 kPa
	1 298 K	44.325 kPa	59.93 kPa

1 137 K 时
$$K_1^\ominus=\frac{p_{H_2}/p^\ominus}{p_{H_2O}/p^\ominus}=\frac{60.0/100}{41.325/100}=1.452$$

1 298 K 时
$$K_2^\ominus=\frac{p'_{H_2}/p^\ominus}{p'_{H_2O}/p^\ominus}=\frac{56.93/100}{44.395/100}=1.282$$

$$\ln\frac{K_2^\ominus}{K_1^\ominus}=\frac{\Delta_r H_m^\ominus}{R}=\left(\frac{1}{T_2}-\frac{1}{T_1}\right)$$

$$\Delta_r H_m^\ominus=\frac{RT_2T_1}{T_2-T_1}\ln\frac{K_2^\ominus}{K_1^\ominus}$$

$$=\frac{8.314\times1298\times1137}{1298-1137}\ln\frac{1.282}{1.452}$$

$$=-9490(J\cdot mol^{-1})$$

（2）$T_3=1\,200\,K$，$K_3^\ominus$ 的计算为

$$\ln\frac{K_3^\ominus}{K_1^\ominus}=\frac{\Delta_r H_m^\ominus}{R}=\left(\frac{1}{T_3}-\frac{1}{T_1}\right)$$

$$\ln K_3^\ominus=\ln1.452=\frac{-9490}{8.314}\times\left(\frac{1137-1200}{1200\times1137}\right)$$

$$=0.3202$$

则　　$K_3^\ominus=1.377$

所以　　$\Delta_r G_m^\ominus(1\,200\,K)=-RT\ln K_3^\ominus$

$$=-8.314\times1\,200\times\ln1.377$$

$$=-3\,195\,(J\cdot mol^{-1})$$

6.4.2 浓度对化学平衡的影响

1. 液相化学反应

对于纯液相反应 $e\text{E(g)}+f\,\text{F(g)} \rightleftharpoons \text{M(g)}+n\,\text{N(g)}$

由等温方程式为 $\Delta_r G_m = \Delta_r G_m^{\ominus} + RT\ln Q$，当反应达到平衡时，必定满足关系式 $K^{\ominus}=Q_c$，

$$Q_c=\frac{\left(c_{\text{M}}/c^{\ominus}\right)^m\left(c_{\text{N}}/c^{\ominus}\right)^n}{\left(c_{\text{E}}/c^{\ominus}\right)^e\left(c_{\text{F}}/c^{\ominus}\right)^f}$$

若保持反应系数的温度、压力不变，增加反应物的浓度或将生成物从系统中移出（既降低生成物的浓度），将使得 Q_c 减小，但浓度的变化不会引起 $K^{\ominus}$ 的变化，此时 $Q_c<K^{\ominus}$，反应正向移动，直到达到新的平衡。反之，若降低反应物的浓度或增加生成物的浓度，使 $Q_c>K^{\ominus}$，平衡将逆向移动。

2. 气相化学反应

对于气相反应 $e\text{E(g)}+f\text{F(g)} \rightleftharpoons m\text{M(g)}+n\text{N(g)}$

在保持温度、总压力不变的情况下，$Q_p=\dfrac{\left(p_{\text{M}}/p^{\ominus}\right)^m\left(p_{\text{N}}/p^{\ominus}\right)^n}{\left(p_{\text{E}}/p^{\Theta}\right)^e\left(p_{\text{F}}/p^{\ominus}\right)^f}$，总压恒定时，增加反应物的浓度或减少生成物的浓度都会使反应物的分压增大，产物的分压减小，从而使 $Q_p<K^{\ominus}$，平衡向生成物方向移动；反之，平衡向反应物方向移动。

6.4.3 压强对化学平衡的影响

1. 固相或液相反应

压强的变化对平衡几乎无影响。因为总压强的变化对固体或液体浓度的影响不大。

2. 有气体参加的化学反应

按照公式 $K^{\ominus}=K_y\left(p/p^{\ominus}\right)^{\sum\nu_{\text{B}}}$，在一定温度下，$K^{\ominus}$ 不变，改变系统总压力，K_y 将随之变化。

（1）对于 $\sum\nu_{\text{B}}<0$ 的反应（分子数减少），增大系统压力 p，$\left(p/p^{\ominus}\right)^{\sum\nu_{\text{B}}}$ 减小，则 K_y 增大，说明平衡正向移动，即向系统总压减小的方向移动。

（2）对于 $\sum\nu_{\text{B}}>0$ 的反应（分子数增加），增大系统压力 p，$\left(p/p^{\ominus}\right)^{\sum\nu_{\text{B}}}$ 增大，则 K_y 减小，

平衡向逆向移动，同样也是向系统总压减小的方向移动。

由此可知对于有气体参加的化学反应，增大压力，平衡向总是向着总压减小的方向移动。

（3）对于$\sum v_B = 0$的反应，$\left(p/p^{\ominus}\right)^{\sum v_B}=1$，$K^{\ominus}=K_y$，压力的改变对平衡没有影响。

【例 6.7】已知合成反应$\frac{1}{2}N_2(g)+\frac{3}{2}H_2(g) \rightleftharpoons NH_3(g)$，在 500 K 时的$K^{\ominus}=0.296\,83$，若反应物$N_2(g)$与$H_2(g)$符合化学计量比，试估算此温度时，100~1 000 kPa 下的平衡转化率α。可近似按理想气体计算。

解： $\frac{1}{2}N_2(g)+\frac{3}{2}H_2(g) \rightleftharpoons NH_3(g)$

开始时	1	3	0	
平衡时	$1-\alpha$	$3(1-\alpha)$	2α	$\sum v_B = 4-2\alpha$

$$K^{热} = K_p\left(p^{\ominus}\right)^{-\sum v_B} = \frac{\frac{2\alpha}{4-2\alpha}p}{\left(\frac{1-\alpha}{4-2\alpha}p\right)^{\frac{1}{2}} \times \left(\frac{3(1-\alpha)}{4-2\alpha}p\right)^{\frac{3}{2}}}p^{\ominus}$$

$$= \frac{2^2\alpha(2-\alpha)p^{\ominus}}{3^{3/2}p(1-\alpha)^2}K^{\ominus}$$

将上式整理得 $\alpha = 1-\frac{1}{\sqrt{1+1.299K^{\ominus}\left(p/p^{\ominus}\right)}}$

代入$p=100\sim 1\,000$ kPa 数值，可得如下计算结果：

$p=100$ kPa 时，$\alpha=0.150$；$p=200$kPa 时，$\alpha=0.249$；

$p=500$ kPa 时，$\alpha=0.416$；$p=1000$kPa 时，$\alpha=0.546$。

从结果可以看出，增加压力对体积减小的反应有利。

6.4.4 惰性气体对化学平衡的影响

这里所说的惰性气体泛指存在于体系中但不参与反应（既不是反应物也不是生成物）的气体。

对于气相化学反应来说，当温度和压力一定时，若向反应系统中充入惰性气体，与恒温降压的效果相同。它虽不影响标准平衡常数，但却影响平衡组成，因而会使平衡发生移动。

由式$K^{\ominus}=K_n\left(\frac{p}{p^{\ominus}n_{总}}\right)^{\sum v_B}$可知，充入惰性气体即增大$n_{总}$，

若$\sum v_B = 0$，$n_{总}$对K_n没有影响，惰性气体的存在与否不会影响系统的平衡组成；

若$\sum \nu_B > 0$，$n_总$增加，K_n必然增大，即化学平衡正向移动；

若$\sum \nu_B < 0$，$n_总$增加，K_n必然随之减小，即化学平衡逆向移动。

工业上乙苯脱氢生产苯乙烯是个重要的化学反应，从化学反应方程式

$$C_6H_5C_2H_5(g) \rightleftharpoons C_6H_5C_2H_3(g)+H_2(g)$$

来看，$\sum \nu_B > 0$，故减压有利于生产更多的苯乙烯。但一旦设备漏气，有空气进入系统会有爆照的危险。通入惰性的水蒸气，与减压作用相同，既经济又安全，所以在实际生产中就采用这一方法。

【例 6.8】上述工业上乙苯脱氢制苯乙烯的化学反应，已知 627℃时 $K^{\ominus}=1.49$，试求算在此温度及标准压力时乙苯的平衡转化率；若用水蒸气与乙苯的物质的量之比为 10 的原料气，结果又将如何？

解：

	$C_6H_5C_2H_5(g)$	$\rightleftharpoons$	$C_6H_5C_2H_3(g)$	$+H_2(g)$
开始时	1		3	0
平衡时	$1-\alpha$		α	α

设系统中水蒸气 $H_2O(g)$ 的物质的量为 n，则

$$n_总 = 1+\alpha+n$$

$$K^{\ominus} = K_n\left(\frac{p}{p^{\ominus}n_总}\right)^{\sum \nu_B} = \frac{\alpha^2}{1-\alpha}\left[\frac{p}{p(1+\alpha+n)}\right]$$

标准压力下，$p=p^{\ominus}$，上式整理得

$$K^{\ominus} = \frac{\alpha^2}{1-\alpha}\cdot\frac{1}{1+\alpha+n}$$

不充入水蒸气时，$n=0$，所以

$$\frac{\alpha^2}{1-\alpha^2}=1.49 \qquad \alpha = 0.774 = 77.4\%$$

当充入水蒸气，$n=10\ \text{mol}$，则

$$\frac{\alpha^2}{(1-\alpha)(11+\alpha)}=1.49$$

6.4.5 反应物配比对化学平衡的影响

对于气相化学反应

$$eE(g) + fF(g) \rightleftharpoons mM(g) + nN(g)$$

若反应开始时只有原料气 E(g) 和 F(g)，没有产物，两反应物的物质的量之比 $r = m_p / n_p$，则 r 的变化范围为 $0 < r < \infty$，在一定温度和压力下，调整反应物配比，使 r 从小到大，各组分的转化率以及产物的含量将如何变化？下面以合成氨反应为例：

$$N_2(g)+3H_2(g) \rightleftharpoons 2NH_3(g)$$

在 773 K、30.4 kPa 条件下，平衡混合物中氨气的体积分数与原料配比的关系见表 6.1。

表 6.1　氨气的体积分数与原料配比

$r = n_{H_2} / n_{NH_3}$	1	2	3	4	5	6
NH_3 / %	18.8	25	26.4	25.8	24.2	22.2

从表中数据可以看出，原料平衡组成在 $r = 3$ 时，氨在混合物中浓度达到最大值。由此证明，对于气相化学反应，产物含量最高时所对应的反应物配比等于两种反应物的化学计量数之比，即 $r = \nu_F / \nu_E$。

在化学反应中改变反应物的配比，让一种价廉易得原料适当过量，当反应达到平衡时，可以提高另一种原料的转化率。例如，水煤气转化反应中，为了尽可能地利用 CO，使水蒸气过量；在 SO_2 氧化生成 SO_3 的反应中，让氧气过量，使 SO_2 充分转化。但是一种原料的过量也应掌握好度。此外，对于气相反应，要注意原料气的性质，防止它们的配比进入爆炸范围，以免引发安全事故。

6.5 化学工艺应用热力学分析的实例

6.5.1 氨的合成

氨是化学工业中产量最大的产品之一，是化肥工业和其他化工产品的主要原料。现约有 80%的氨用于制造化学肥料，氨除本身可作化肥外，还可以加工成各种氮肥和含氮复合肥料，如尿素、硝酸铵、氯化铵、硫酸铵、磷酸铵等。还可以用于纯碱、硝酸、含氮无机盐的生产。氨被广泛用于化工制药工业及国防工业中，在国民经济中占有极重要的地位。目前氨是通过氮气、氢气在高温、高压和催化剂作用下直接合成而得，由于反应后气体中氨含量不高，一般只有 10%~20%，所以氨合成工艺通常采用循环流程。

1. 氨合成反应的热效应

氨合成反应的热化学方程式为

$$\frac{1}{2}N_2(g)+\frac{3}{2}H_2(g) \rightleftharpoons NH_3(g)\text{，}\ \Delta_r H_m^{\ominus}(298\ K) = -46.22\ kJ \cdot mol^{-1}$$

由上述方程式可知，氨合成反应是放热和$\sum v_B < 0$的可逆反应。氨合成反应的热效应不仅取决于温度，还与压力及组成有关。

其化学平衡常数表达式如下

$$K_p = \frac{p_{NH_3}}{\left(p_{N_2}\right)^{1/2}\left(p_{H_2}\right)^{3/2}} = \frac{1}{p}\frac{y_{NH_3}}{\left(y_{N_2}\right)^{1/2}\left(y_{H_2}\right)^{3/2}}$$

式中　p、p_i——分别为总压和各组分平衡分压，MPa；

y_i——平衡组分的摩尔分数。

研究表明，压力较低时，化学平衡常数与温度的关系可用下式表示：

$$\lg K_p = \frac{2\,001.6}{T} - 2.6911\lg T - 5.519\,3\times10^{-5}T + 1.848\,9\times10^{-7}T^2 + 3.684\,2$$

（1）温度和压力的影响。当温度降低或压力增高时，平衡氨浓度增大。

（2）氢氮比的影响。氢氮比r对平衡氨含量有显著影响，如不考虑组成对平衡的影响，$r=3$时，平衡氨含量有最大值。考虑到组成对平衡常数K_p的影响，具有最大y_{NH_3}的氢氮比略小于3，随压力而异，在2.68~2.90之间。

（3）惰性气体的影响。氨合成反应过程中，由于混合气体的物质的总量会随反应进行而逐渐减小，故惰性气体的含量随反应进行而逐渐升高。而y_{NH_3}总是惰性气体平衡含量$y_{惰}$的增大而减小，因此惰性气体的含量不能过高。

2. 氨合成催化剂

氨合成催化剂经过了80多年的研究与使用，现在仍然以熔铁为主，主要成分是Fe_3O_4，添加Al_2O_3、SiO_2、MgO、K_2O、CaO等助催化剂以提高催化剂的活性、抗毒性和耐热性等。Fe_3O_4催化剂在还原之前主要成分是FeO和Fe_2O_3，其中FeO质量分数占24%~38%，Fe^{2+}/Fe^{3+}一般在0.47~0.57之间。催化剂再还原之前没有活性，使用前必须经过还原，使Fe_3O_4变成$\alpha-Fe$，另一方面是还原生成的铁结晶不能因重结晶而长大，以保证有最大的比表面积和更多的活性中心。

总之，提高平衡氨含量的途径为降低温度，提高压力，保持氢氮比为3左右，并减少惰性气体含量。加入催化剂不能提高平衡氨含量，但可以加快反应速率。

6.5.2　SO_2的催化氧化

二氧化硫氧化为三氧化硫的化学方程式如下

$$SO_2(g)+\frac{1}{2}O_2(g) \rightleftharpoons SO_3(g)\ ,\ \Delta_r H_m^{\ominus}(298K) = -96.24\ kJ \cdot mol^{-1}$$

此反应是可逆放热、$\sum \nu_B < 0$ 的反应，在催化剂存在下，该反应才能实现工业生产。

其平衡常数可表示为

$$K_p = \frac{p_{SO_3}}{p_{SO_2} p_{O_2}{}^{0.5}}$$

式中　p_{SO_2}、p_{O_2}、p_{SO_3} 分别为 SO_2、O_2 以及 SO_3 的平衡分压。

在 400~700℃范围内，平衡常数与温度的关系可用下式表示：

$$\lg K_p = \frac{4905.5}{T} - 4.6544$$

即有平衡常数 K_p 随着温度降低而增大。

用平衡转化率来描述某一温度下，反应可以进行的极限程度。

$$x_{平衡} = \frac{p_{SO_3}}{p_{SO_2} + p_{SO_2}} = \frac{k_p}{k_p + \frac{1}{\sqrt{p_{SO_2}}}}$$

据以上分析可知，二氧化硫的平衡转化率随原始气体组成、温度和压力而变化。降低反应温度、增加压力，会使平衡转化率升高；但常压下平衡转化率已经较高，通常达到 95%~98%，所以工业生产中不需要采用高压。

二氧化硫反应所用催化剂，主要有铂、氧化铁以及钒三种。铂催化剂活性高，但价格昂贵，且易中毒。氧化铁催化剂廉价易得，在 640℃以上高温时才具有活性，转化率低。钒催化剂的活性、热稳定性以及机械强度都比较理想，而且价格便宜，在工业上使用较普遍。

习　题

一、判断题

1. 化学反应的平衡浓度不随时间而变化，但随起始浓度的变化而变化；化学反应的热力学平衡常数不随时间变化也不随起始浓度变化而变化。

2. 平衡常数 K_y 与热力学平衡常数一样，只与反应的温度有关，与压力等其他因素无关。

3. 温度一定，化学反应的热力学平衡常数不随起始浓度而变化，转化率也不随起始浓度变化。

4. 用不同的反应物表示的转化率即使在同一条件下也不相同。

5. 对一个化学平衡体系，在其他条件不变情况下，将部分产物取出时，热力学平衡常数也发生变化。

6. 化学反应的热力学平衡常数数值与计量方程式的写法有关。

7. 可以利用化学反应的$\Delta_r G_m^\ominus$来判断反应的自发方向：$\Delta_r G_m^\ominus<0$，反应正向进行；$\Delta_r G_m^\ominus>0$，反应逆向进行；$\Delta_r G_m^\ominus=0$，化学反应达到平衡。

8. $\Delta_r G_m^\ominus$与化学反应的热力学平衡常数$K^\ominus$都是由反应本质决定，而与温度等外界因素无关。

9. 当化学平衡发生移动时，热力学平衡常数数值会发生改变。

10. 在工业上，从反应体系中将产物移出，从而促使化学平衡正向移动提高产率。

二、选择题

1. 下面的叙述中违背平衡移动原理的是（　　）。

A. 降低压力平衡向增加分子数的方向移动

B. 增加压力平衡向体积缩小的方向移动

C. 加入惰性气体平衡向总压力减少的方向移动

D. 升高温度平衡向吸热方向移动

2. 要使一个化学反应系统在发生反应后焓值不变，必须满足的条件是（　　）。

A. 温度和内能都不变　　B. 内能和体积都不变

C. 孤立系统　　D. 内能，压力与体积的乘积都不变

3. 已知反应 $2NH_3 = N_2 + 3H_2$，在等温条件下，标准平衡常数为 0.25，那么，在此条件下，氨的合成反应 $1/2\ N_2 + 3/2\ H_2 = NH_3$ 的标准平衡常数为（　　）。

A. 4　　B. 0.5　　C. 2　　D. 1

4. 25℃时水的饱和蒸气压为 3.168 kPa，此时液态水的标准生成吉布斯自由能为−237.19 kJ · mol^{-1}，则水蒸气的标准生成吉布斯自由能为（　　）。

A. −245.76 kJ · mol^{-1}　　B. −229.34 kJ · mol^{-1}

C. −245.04 kJ · mol^{-1}　　D. −228.60 kJ · mol^{-1}

5. 900℃时氧化铜在密闭的抽空容器中分解，反应为：$2CuO(s) = Cu_2O(s)+1/2O_2(g)$，测得平衡时氧气的压力为 1.672 kPa，则其平衡常数 K 为（　　）。

A. 0.016 5　　B. 0.128　　C. 0.008 25　　D. 7.81

6. 在温度为 T，压力为 p 时，反应 $3O_2(g) = 2O_3(g)$ 的 K_p 与 K_x 的比值为（　　）。

A. RT　　B. p　　C. $(RT)^{-1}$　　D. p^{-1}

三、计算题

1. 100 kPa、600℃下，$I_2(g)$离解为气态碘原子的离解度为 1%，800 ℃时的离解度为 25%：

（1）计算反应 $I_2(g) = 2I(g)$在 600℃的标准平衡常数；

（2）若在 600℃ ~ 800℃之间反应的$\Delta_r H_m^\ominus$不变，计算 $I_2(g)$分解的活化能。

2. 已知 298.15 K 以下数据：

物质	$SO_3(g)$	$SO_2(g)$	$O_2(g)$
$\Delta_f H_m^\ominus$/kJ · mol^{-1}	−395.2	−296.1	0
$S_m^\ominus$/J · K^{-1} · mol^{-1}	256.2	248.5	205.03

（1）求 298.15K，$p^\ominus$下反应 $SO_2(g)+\frac{1}{2}O_2(g) = SO_3(g)$的 $K_p^\ominus$，K_p 和 K_x；

（2）设 $\Delta_r H_m^\ominus$，$\Delta_r S_m^\ominus$ 不随温度变化，反应物按反应计量系数比进料，在什么温度下，SO_2 的平衡转化率可以达到 80%?

3. 反应 A(g)══B(g) + C(g)在恒容容器中进行，453 K 达平衡时系统总压为 p。若将此气体混合物加热到 493 K，反应重新达到平衡，反应系统总压为 $4p$，B 和 C 的平衡组成各增加了一倍，而 A 减少了一半。假定该反应的反应焓与温度和压力无关，试求该反应系统在此温度范围内的标准摩尔反应焓。

4. 反应 $2NaHCO_3(s)$══$NaCO_3(s)+H_2O(g)+CO_2(g)$在温度为 30℃和 100℃时的平衡总压分别为 0.827 kPa 和 97.47 kPa。设反应焓 $\Delta_r H_m^\ominus$ 与温度无关。试求：

（1）该反应的反应焓 $\Delta_r H_m$。

（2）$NaHCO_3(s)$的分解温度（平衡总压等于外压 101.325 kPa）。

5. 反应 $CO(g)+H_2O(g)$══$H_1(g)+CO_2(g)$在 800℃时 $K = 1$，计算：

（1）该反应在 800℃时的 $\Delta_r G_m$；

（2）800℃时由 1 mol CO(g)和 5 mol $H_2O(g)$开始反应，达到平衡后 CO(g)的转化率。

7 第七章　化学动力学基础

学习要求

（1）理解化学反应速率的定义及特点。
（2）理解基元反应及质量作用定律。
（3）掌握简单反应与复合反应、反应级数与反应分子数、半衰期及活化能等基本概念。
（4）熟练掌握一级反应及二级反应的速率方程的特点及其相关计算。
（5）掌握阿伦尼乌斯公式。
（6）了解催化剂的特点及催化反应。

化学平衡从热力学基本原理出发可以用来判断化学反应的方向和限度，解决了化学反应的可能性问题。但实验发现，有些热力学上判断可能发生的化学反应实际上并不能发生。例如，在 298 K 时氢气和氧气化合生成水的标准摩尔反应吉布斯函数 $\Delta_r G_m^{\ominus} = -237.20\ kJ \cdot mol^{-1}$，热力学只能判断这个反应能发生，但如何使它发生，热力学无法回答。此外，热力学也不能判断这个反应需要多长时间来完成。实际上，在 298 K 时该化合反应进行得极慢，以致几年都观察不出来有迹象发生了反应。但是一旦温度升高到 1 073 K，该反应则会以爆炸的方式瞬间完成。若选用合适的催化剂（如钯），则即使在常温常压下氢和氧也能以快速化合成水。这些现象单凭化学热力学无法解答，需要借助化学动力学。

简言之，化学热力学研究化学反应的可能性，化学动力学则是研究如何把这种可能性转化为现实性。化学动力学是研究化学反应速率和反应机理的科学，主要研究温度、浓度、压力、催化剂等各种反应条件对反应速率的影响，及反应要经过哪些具体的步骤（反应机理）。通过化学动力学的研究，可以知道如何控制化学反应条件来提高主反应的速率，抑制或减慢副反应的速率，来提高产品的产量和质量。还可以知道如何避免材料的腐蚀、产品的老化和变质、危险品的爆炸等知识。

本章主要讨论化学反应速率，简单级数化学反应速率方程，温度对化学反应速率的影响以及催化作用等化学动力学中的基础知识。

7.1 化学反应速率

7.1.1 化学反应速率的定义

化学反应速率是指在一定条件下，化学反应中反应物转变为生成物的速率，是衡量化学反应进行快慢的物理量，通常用单位时间内反应物浓度的减少或生成物的浓度增加来表示。用符号 v_B 表示，单位为：$mol \cdot L^{-1} \cdot s^{-1}$、$mol \cdot L^{-1} \cdot min^{-1}$ 或 $mol \cdot L^{-1} \cdot h^{-1}$。其数学表达式为

$$v_B = -\frac{dc_B}{dt} \tag{7.1}$$

或

$$v = \frac{\Delta c}{\Delta t} \tag{7.2}$$

式（7.1）表示化学反应的瞬时速率，式（7.2）表示化学反应在一段时间内的平均速率。化学反应过程中，反应物的浓度在不断变化，所以用瞬时速率表示反应速率更能说明反应进行的真实情况。但式（7.2）使用起来更简单方便。

【例 7.1】在一定条件下，2 L 的密闭容器中，分别加入 1 mol N_2 和 3 mol H_2，发生 $N_2 + 3H_2 \rightleftharpoons 2NH_3$，在 2s 末时测得容器中含有 0.4 mol 的 NH_3，求该反应的化学反应速率。

解： $N_2 + 3H_2 \rightleftharpoons 2NH_3$

	N_2	$3H_2$	$2NH_3$
起始量（mol）：	1	3	0
2 s 末量（mol）：	1–0.2	3–0.6	0.4
变化量（mol）：	0.2	0.6	0.4

则有

$$v(N_2) = \frac{\Delta c(N_2)}{\Delta t} = \frac{\Delta n(N_2)}{V}\frac{1}{\Delta t} = \frac{0.2\ mol}{2\ L}\frac{1}{2s} = 0.05\ mol \cdot L^{-1} \cdot s^{-1}$$

$$v(H_2) = \frac{\Delta c(H_2)}{\Delta t} = \frac{\Delta n(H_2)}{V}\frac{1}{\Delta t} = \frac{0.6\ mol}{2\ L}\frac{1}{2s} = 0.150\ mol \cdot L^{-1} \cdot s^{-1}$$

$$v(NH_2) = \frac{\Delta c(NH_2)}{\Delta t} = \frac{\Delta n(NH_2)}{V}\frac{1}{\Delta t} = \frac{0.4mol}{2\ L}\frac{1}{2s} = 0.10\ mol \cdot L^{-1} \cdot s^{-1}$$

可见，$v(N_2)$：$v(H_2)$：$v(NH_2) = 0.05:0.15:0.1 = 1:3:2$，说明用不同物质浓度变化表示同一反应速率时，其反应速率之比就等于方程式中计量系数之比。

7.1.2 化学反应速率的测定

对于在 T、V 恒定的某均相反应，

$$\mathrm{R} \longrightarrow \mathrm{P}$$

$$r_{\mathrm{R}} = \frac{-\mathrm{d}[\mathrm{R}]}{\mathrm{d}t}$$

$$r_{\mathrm{P}} = \frac{\mathrm{d}[\mathrm{R}]}{\mathrm{d}t}$$

由实验测得某一时刻的反应物或生成物的浓度，就可以绘制出反应中各物质浓度随时间的变化曲线，也叫动力学曲线（见图 7.1）。有了动力学曲线，在任意时刻 t 作切线，就可以求出该时刻的瞬时速率。

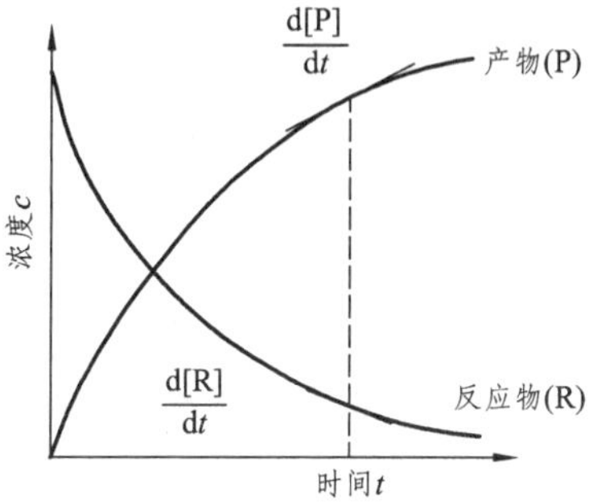

图 7.1　反应物或产物的浓度随时间变化的曲线

测定不同时刻各物质浓度的方法有：

（1）化学方法。不同时刻取出一定量反应物，设法用骤冷、冲稀、加阻化剂、除去催化剂等方法使反应立即停止，然后进行化学分析。

（2）物理方法。用各种物理性质测定方法（旋光、折射率、电导率、电动势、粘度等）或现代谱仪（红外、紫外等）监测与浓度有定量关系的物理量的变化，从而求得浓度变化。物理方法有可能做原位反应。

7.2　化学反应的速率方程

化学反应的速率方程又称动力学方程。它表明了反应速率与浓度等参数之间的关系或浓度等参数与时间的关系。对于不同类型的反应，速率方程的写法不一样。

7.2.1　基元反应与总包反应

从化学动力学角度即一个反应是否经历很多个步骤，我们可将化学反应分为基元反应与总包反应。通常所写的化学方程式只代表反应的化学计量式，而并不代表反应的真正历程。

如果一个化学计量式代表了若干个基元反应的总结果，那这种反应称为总包反应或总反应，也叫复合反应。如果一个化学反应，反应物分子在碰撞中相互作用直接转化为生成物分子，这种反应称为基元反应。

例如，反应$Cl_2 + H_2 = 2HCl$由下列几个简单反应组成：

（1）$Cl_2 + M = 2Cl + M$

（2）$Cl\cdot + H_2 = HCl + H\cdot$

（3）$H\cdot + Cl_2 = HCl + Cl\cdot$

（4）$2Cl\cdot + M = Cl_2 + M$

式中，M 代表容器壁，Cl·，H·分别代表自由氯原子和氢原子，旁边的黑点表示未配对的电子。

反应（1）~（4）为基元反应。$Cl_2 + H_2 = 2HCl$为总反应。一个复合反应需要经过若干个基元反应才能完成，这些基元反应就代表了反应经过的过程，动力学上称为反应机理或反应历程。反应（1）~（4）即为$Cl_2 + H_2 = 2HCl$的反应机理。

在基元反应中，实际参加反应的分子数目称为反应分子数。反应分子数可区分为单分子反应、双分子反应和三分子反应，四分子反应目前尚未发现。反应分子数只可能是简单的正整数 1，2 或 3。如上述 HCl 合成中的基元反应（1）~（3）的反应分子数分别为 2，为双分子反应，基元反应（4）的反应分子数分别为 3，为三分子反应。

7.2.2 质量作用定律

对于基元反应，反应速率与反应物浓度的幂乘积成正比，幂指数就是基元反应方程中各反应物的系数，这就是质量作用定律，它只适用于基元反应。例如，

（1）$Cl_2 + M = 2Cl + M$　　$v = k_1[Cl_2][M]$

（2）$Cl + H_2 = HCl + H$　　$v = k_2[Cl][H_2]$

（3）$H + Cl_2 = HCl + Cl$　　$v = k_3[H][Cl_2]$

（4）$2Cl + M = Cl_2 + M$　　$v = k_4[Cl]^2[M]$

值得注意的是质量作用定律只适用于基元反应，不适用于总包反应。

7.2.3 速率方程

研究表明，化学反应的速率与反应中各物质的浓度存在着下列关系

$$v_A = k_A c_A^{\alpha} c_B^{\beta} \tag{7.3}$$

式中　A、B——通常为反应物和催化剂，也可为生成物或其他物质。

α 、β——分别为物质 A、B 的幂指数，也叫 A、B 的分级数，$n=\alpha+\beta$ 则为反应的总级数，简称反应级数。反应级数是由实验测定的。其大小反映了浓度对反应的影响程度，显然，级数越大，影响越大。反应级数可以是正数、负数、整数、分数或零，有的反应无法用简单的数字来表示级数。

k_A——A 的速率系数，数值上相当于速率方程中各物质浓度为单位浓度下的反应速率，也叫比速率，k 值仅是温度的函数，与反应物的浓度无关，单位为[浓度]$^{1-n}$[时间]$^{-1}$。

7.3 具有简单级数的反应

凡是反应速率只与反应物浓度有关，且反应分级数 α 、β 及总级数 n 都只是 0 或正整数的反应，称为具有简单级数的反应。对于反应级数相同的简单级数反应，其速率都遵循共同的简单规律，本节主要讨论一级反应、二级反应及零级反应的速率方程及计算。

7.3.1 一级反应

1. 一级反应的速率方程

反应速率与某一反应物浓度的一次方成正比的反应，称为一级反应。如某一级反应的计量方程为

$$\mathrm{A} \longrightarrow \mathrm{P}$$

$$t=0 \quad c_{\mathrm{A},0}$$

$$t=t \quad c_{\mathrm{A}}$$

其速率方程为

$$v_{\mathrm{A}}=-\frac{\mathrm{d}c_{\mathrm{A}}}{\mathrm{d}t}=k_{\mathrm{A}}c_{\mathrm{A}} \tag{7.4}$$

对式（7.4）定积分有

$$\ln\frac{c_{\mathrm{A},0}}{c_{\mathrm{A}}}=k_{\mathrm{A}}t \tag{7.5}$$

式中　t——反应进行的时间；

k_A—— A 的速率系数，[时间]$^{-1}$；

$c_{A,0}$——A 的初始浓度，$mol \cdot L^{-1}$；

c_A——A 在 t 时刻的浓度，$mol \cdot L^{-1}$。

若用 x_A 表示 t 时刻 A 的转化率，即 $x_A = \frac{c_{A,0} - c_A}{c_{A,0}}$，代入式（7.5）有

$$t = \frac{1}{k_A} \ln \frac{1}{1 - x_A} \tag{7.6}$$

2. 一级反应的特点

由式（7.5）可以看出，一级反应的特点如下：

（1）反应常数 k_A 单位为[时间]$^{-1}$，即 s^{-1} 或 min^{-1} 等。

（2）半衰期与初始浓度无关；所谓半衰期，指反应物浓度消耗掉一半所消耗的时间，用符号 $t_{\frac{1}{2}}$ 表示。此时，$c_A = \frac{c_{A,0}}{2}$，代入式（7.5），有

$$t_{\frac{1}{2}} = \frac{\ln 2}{k_A} = \frac{0.693}{k_A} \tag{7.7}$$

（3）$\ln c_A$ 与 t 成直线关系。将式（7.5）变形可得 $\ln c_A = -k_A t + \ln c_{A,0}$，以 $\ln c_A$ 对 t 作图，可得到一条直线，斜率为 $-k_A$，截距为 $\ln c_{A,0}$。

根据这些特点，我们就可以判断一个反应是否为一级反应。研究表明，很多反应，如放射性元素的蜕变，大多数热分解反应，异构化反应，分子重排反应都属于一级反应，一些药物的分解反应也服从一级反应。

【例 7.2】某抗菌素施于人体后在血液中的反应呈现一级反应。如在人体中注射 0.5 g 某抗菌素，然后在不同时间测其在血液中的浓度，得到下列数据：

t/h	4	8	12	16
c_A /（血液中药含量 mg/100 mL）	0.48	0.31	0.24	0.15

$\ln c_A - t$ 的直线斜率为−0.0979，$\ln c_{A,0} = -0.14$

（1）求反应速率常数。

（2）计算半衰期。

解：设 $c_{A,0}$ 为抗菌素开始浓度

（1）反应速率方程积分形式 $\ln \frac{c_{A,0}}{c_A} = k_A t$ 有

$$\ln c_A = -kt + \ln c_{A,0} \text{ 斜率为 } -k = -0.097\,9 \text{ 有 } k = 0.097\,9\ h^{-1}$$

（2）由式（7.7）有

$$t_{\frac{1}{2}} = \frac{\ln 2}{k_A} = \frac{0.693}{k_A} = \frac{0.693}{0.097\,9} = 7.08\ (h)$$

7.3.2　二级反应

反应速率与某一反应物浓度的二次方成正比的反应，称为二级反应。常见的二级反应有乙烯、丙烯的二聚；HI、CH_3OH 的热分解；乙酸乙酯的皂化及许多在溶液中进行的有机化学反应。按反应的种类是一种还是两种可分为两种类型，下面我们分别讨论。

1. 只有一种反应物的二级反应

$$2A \longrightarrow P$$

$$t=0 \quad c_{A,0}$$

$$t=t \quad c_A$$

其速率方程为：

$$v_A=-\frac{dc_A}{dt}=k_A c_A^2$$

定积分有

$$\frac{1}{c_A}-\frac{1}{c_{A,0}}=k_A t \tag{7.8}$$

$$t=\frac{1}{k_A}\left(\frac{1}{c_A}-\frac{1}{c_{A,0}}\right) \tag{7.9}$$

由上式可推出这类反应的特点有：

（1）反应常数 k_A 单位为[浓度]$^{-1}$[时间]$^{-1}$；

（2）半衰期与反应物的初始浓度和速率常数成反比，即反应物的初始浓度越大，反应物消耗一半所需要的时间越短；将 $c_A=\frac{c_{A,0}}{2}$，代入式（7.9），有

$$t_{\frac{1}{2}}=\frac{1}{k_A c_{A,0}} \tag{7.10}$$

（3）$1/c_A$ 与 t 成直线关系。以 $1/c_A$ 对 t 作图，可得到一条直线，斜率为 k_A，截距为 $1/c_{A,0}$。

【例 7.3】某气相反应 $2A \longrightarrow P$，已知该反应的 $1/p_A$ 与时间 t 为直线关系，50℃下截距为 150 atm^{-1}，斜率为 $2.0\times10^{-3}\ atm^{-1}\cdot s^{-1}$，问该反应是几级反应？请导出该反应速率的定积分表达式。

解：该反应的 $1/p_A$ 与时间 t 为直线关系，反应为二级

$$2A \longrightarrow P$$

$$t=0 \quad p_{A,0}$$

$t=t \quad p_A$

$$v_A = -\frac{dp_A}{dt} = k_A p_A^2$$

$$\frac{1}{p_A} - \frac{1}{p_{A,0}} = k_A t$$

50℃下斜率为 $2.0 \times 10^{-3} atm^{-1} \cdot s^{-1}$，即 $k_{A'} = 2.0 \times 10^{-3} atm^{-1} \cdot s^{-1}$

2. 有两种反应物的二级反应

	A	+	B → P
$t=0$	$c_{A,0}$		$c_{B,0}$
$t=t$	c_A		$c_{B,x}$
$t=t$	$c_{A,0}-x$		$c_{B,0}-x$

$$v_A = -\frac{dc_A}{dt} = k_A c_A c_B \tag{7.11}$$

这里要分两种情况讨论。

（1）一种是 $c_{A,0}=c_{B,0}$，则在任一时刻有，$c_A=c_B$，这样其速率方程及特点也与只有一种反应物的二级反应相同。

（2）另一种情况是 $c_{A,0} \neq c_{B,0}$，则由式（7.11）可变为

$$v_A = -\frac{dc_A}{dt} = k_A c_A c_B = k_A (c_{A,0}-x)(c_{B,0}-x) \tag{7.12}$$

对式（7.12）定积分有

$$\int_0^x \frac{dx}{(c_{A,0}-x)\ (c_{B,0}-x)} = \int_0^t k_A dt$$

有
$$\frac{1}{c_{A,0}-c_{B,0}} \ln \frac{c_{B,0}(c_{A,0}-x)}{c_{A,0}(c_{B,0}-x)} = k_A t \tag{7.13a}$$

或
$$\ln \frac{c_{A,0}-x}{c_{B,0}-x} = (c_{A,0}-c_{B,0}) k_A t + \ln \frac{c_{A,0}}{c_{B,0}} \tag{7.13b}$$

由式（7.13b）可推出这类反应的特点有：

（1）反应常数 k_A 单位为[浓度]$^{-1}$ [时间]$^{-1}$；

（2）$\ln \frac{c_{A,0}-x}{c_{B,0}-x}$ 与 t 成直线关系。以 $\ln \frac{c_{A,0}-x}{c_{B,0}-x}$ 对 t 作图，可得到一条直线，斜率为 $(c_{A,0}-c_{B,0})k_A$，截距为 $\ln \frac{c_{A,0}}{c_{B,0}}$。

7.4 温度对速率常数的影响

温度对化学反应速来的影响，主要体现在温度对速率常数的影响上。范特霍夫提出的一种半定量的经验规律：温度每升高 10 K，反应速率约增加至原速率的 2~4 倍，即

$$\frac{k_{(T+10)}}{k_T} = 2 \sim 4 \tag{7.14}$$

式中　k_T、$k_{(T+10)}$ 分别为温度 T、T+10 时的速率常数。

式（7.14）称为范特霍夫规则，适用于大部分简单级数反应。例如，蔗糖的水解在 308 K 时的速率是 298 K 时反应速率的 4.13 倍，乙酸乙酯的皂化在 308 K 时的速率是 298 K 时速率的 1.82 倍。

各种化学反应的速率与温度的关系相当复杂。主要可分为 5 类（见图 7.3）。类型Ⅰ反应速率随温度升高逐渐增大，呈指数关系，称为阿伦尼乌斯型。类型Ⅱ是有爆炸极限的反应，当温度升高到某一值后，反应速率常数迅速增大，发生爆炸。类型Ⅲ是复相催化反应，只有在某一温度时速率最大。类型Ⅳ是碳的氧化反应，反应速率常数不仅出现最大值，还出现最小值，这可能是由于温度升高时副反应的影响使反应复杂化。类型Ⅴ的反应速率常数随温度升高而减少。如 $2NO+O_2 \longrightarrow 2NO_2$ 反应就属于这种情况。其中类型Ⅰ最常见，也是本节主要讨论的重点。

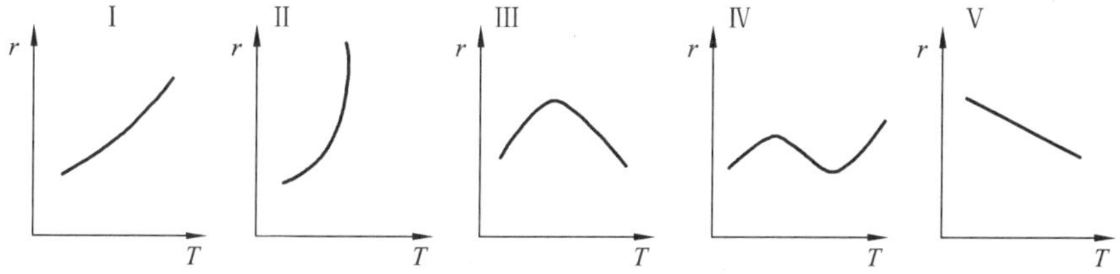

图 7.2　反应速率常数与温度的关系图

7.4.1　阿伦尼乌斯方程

1889 年阿伦尼乌斯总结了大量实验结果后，提出了一个表示速率常数与温度关系的经验方程：

$$k = A \cdot e^{-E_a/RT} \tag{7.15}$$

式中　A——指前因子，单位与速率常数 k 相同；

E_a——活化能，$J \cdot mol^{-1}$ 或 $kJ \cdot mol^{-1}$；

R——摩尔气体常数，8.314 $J \cdot mol^{-1} \cdot K^{-1}$；

$e^{-E_a/RT}$——玻尔兹曼因子或活化分子百分数。

当温度变化范围不大时，A 和 E_a 可以看作是与温度无关的经验常数。由于温度 T 和活化能 E_a 在 e 的指数项中，故对速率常数 k 的影响很大，反应温度越高，活化能越小，k 值越大。对于活化能的物理意义，将在后面进行讨论。

将式（7.15）两边取对数，得

$$\ln k = -\frac{E_a}{RT} + \ln A \tag{7.16}$$

以 $\ln k$ 对 $1/T$ 作图，得一直线，直线的斜率为 $-E_a/R$，截距为 $\ln A$。因而可用多组实验数据求得反应的活化能和指前因子。式（7.16）称为阿伦尼乌斯公式的对数形式。将该式对温度求导，得

$$\frac{\mathrm{d}\ln k}{\mathrm{d}T} = -\frac{E_a}{RT^2} \tag{7.17}$$

由于 E_a 恒大于零，当温度升高时，速率常数 k 增大。式（7.17）称为阿伦尼乌斯公式的微分形式。将该式在 T_1 和 T_2 之间作定积分，得

$$\ln\frac{k_2}{k_1} = -\frac{E_a}{R}\left(\frac{1}{T_2} - \frac{1}{T_1}\right) \tag{7.18}$$

式(7.18)称为阿伦尼乌斯公式的定积分形式。在该式中的五个物理量 T_1、T_2、k_2、k_1、E_a 中，已知任意四个物理量，都可以求得第五个物理量。这个定积分式也解决了已知某一温度下的速率常数求算另一温度下的速率常数的问题。

式（7.15）~式（7.18）是阿伦尼乌斯方程的不同形式，在温度变化范不太宽（约在 100 K 内），基元反应和大多数复合反应都能很好地符合阿伦尼乌斯方程。

【例 7.4】某化合物的分解是一级反应，该反应活化能 $E_a = 163.3\ \mathrm{kJ\cdot mol^{-1}}$，已知 427 K 时该反应速率常数 $k = 4.3\times10^{-2}\cdot \mathrm{s^{-1}}$，现在要控制此反应在 20 分钟内转化率达到 80%，试问反应温度应为多少？

解：已知 $T_1 = 427\ \mathrm{K}$ 时 $k_1 = 4.3\times10^{-2}\mathrm{s^{-1}}$，$E_a = 163.3\ \mathrm{kJ\cdot mol^{-1}}$。求 T_2，需先计算

$$k_2 = -\ln(1-x)/t = -\ln(1-0.80)/1200\mathrm{s} = 0.001341\ \mathrm{s^{-1}}$$

$$\ln\frac{k_2}{k_1} = \frac{E_a}{R}\left(\frac{1}{T_1} - \frac{1}{T_2}\right)$$

$$\ln\frac{0.001341\ \mathrm{s^{-1}}}{0.043\ \mathrm{s^{-1}}} = \frac{163.3\times1000\ \mathrm{J\cdot mol^{-1}}}{8.3145\ \mathrm{J\cdot K^{-1}\cdot mol^{-1}}}\left(\frac{1}{427\ \mathrm{K}} - \frac{1}{T_2}\right)$$

解得：$T_2 = 397\ \mathrm{K}$

7.4.2 表现活化能

阿伦尼乌斯经验方程提出了活化能的概念。由式（7.21）可知，活化能的大小对反应速率的影响非常大。例如，若两个反应的指前因子相等，而活化能的差值 $\Delta E_a = 120 - 110 = 10(\mathrm{kJ \cdot mol^{-1}})$，则在 300K 时，两反应的速率常数之比

$$k_2 / k_1 = \mathrm{e}^{-\left(E_{\mathrm{a},2} - E_{\mathrm{a},1}\right)} = \mathrm{e}^{\Delta E_{\mathrm{a}}/RT} = \mathrm{e}^{-10\,000/(8.314 \times 300)} = 1/55.1$$

即活化能小 $10\ \mathrm{kJ \cdot mol^{-1}}$，速率常数 k 可以提高约 55 倍。活化能的大小对反应速率的影响很大，活化能越小，反应速率越大。

阿伦尼乌斯认为，在反应系统中，并非所有互相碰撞的反应物分子都能发生反应，这是因为反应的发生伴随有旧键的破坏和新键的形成。旧键的破坏需要吸收能量，而形成新键时要放出能量，因此，只有那些能量足够高的反应物分子间的碰撞，才能使旧键断裂而发生反应。这些能量足够高、通过碰撞能发生反应的反应物分子称为活化分子，活化分子所处的状态成为活化状态。活化分子的能量比普通分子的能量的超出值即为反应的活化能。后来，托尔曼曾用统计力学证明对基元反应来说，活化能是活化分子的平均能量 $\langle E^* \rangle$ 与所有反应物分子平均能量 $\langle E \rangle$ 之差，可用下式表示：

$$E_{\mathrm{a}} = \langle E^* \rangle - \langle E \rangle$$

也可将活化能看作化学反应所必须克服的能峰，化学反应活化能的大小就代表能峰的高低。能峰愈高，反应的阻力愈大，反应就愈难以进行，即反应速率愈低。

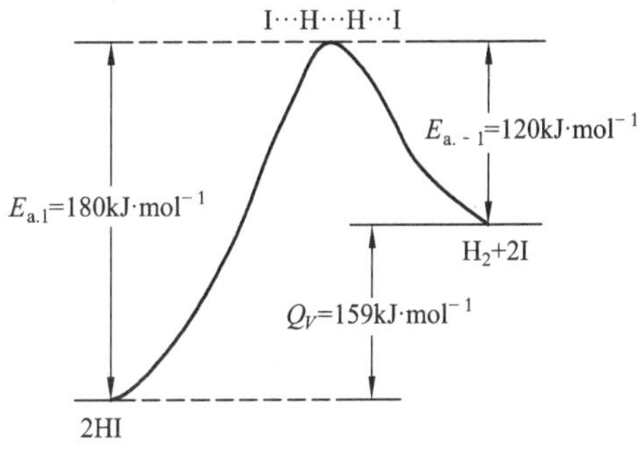

图 7.3　反应进程中的能量变化示意图

例如，反应：$2\mathrm{HI} \longrightarrow \mathrm{H_2} + 2\mathrm{I}\cdot$，反应进程中的能量变化如图 7.3 所示。每摩尔普通的 HI 分子至少要吸收 180 kJ 的能量，才能达到此反应的活化状态 $[\mathrm{I \cdots H \cdots H \cdots I}]$，此能峰的峰值就是活化分子的能量与普通分子的能量差值，即为上述正反应的活化能，$E_{\mathrm{a},1} = 180\ \mathrm{kJ \cdot mol^{-1}}$。由活化状态生成产物分子 $\mathrm{H_2}$ 和 $2\mathrm{I}\cdot$，并放出 $21\ \mathrm{kJ \cdot mol^{-1}}$ 的能量，即上述逆反应的活化能 $E_{\mathrm{a},-1} = 21\ \mathrm{kJ \cdot mol^{-1}}$。可以证明，在恒容条件下，正、逆反应活化能的差值则为正反应的反应进度为 1 mol 时的反应热。即

$$\begin{aligned} Q_V &= \Delta_{\mathrm{r}} U_{\mathrm{m}} = E_{\mathrm{a},1} - E_{\mathrm{a},-1} = (180 - 21)\mathrm{kJ \cdot mol^{-1}} \\ &= 159\ \mathrm{kJ \cdot mol^{-1}} \end{aligned}$$

通过上述讨论可知：

（1）一定温度下，反应的活化能越小，能越过能峰的分子数就越多，速率就越快。

（2）对于一定反应，其活化能为定值，当温度升高时，分子运动的平动能增加，活化分子的数目及其碰撞次数就增多，因而使反应速率增加。

（3）对于不同反应，活化能越大，其速率随温度的变化率越大。也就是说，当几个反应同时进行，高温对活化能较大的反应有利，低温对活化能较小的反应有利。工业生产上常利用这些特殊性来加速主反应，抑制副反应。

对于非基元反应，阿伦尼乌斯方程仍然成立，但是由于非基元反应是由两个或两个以上的基元反应构成的，因此活化能没有明确的物理意义，成为表观活化能，其数值一样能反映化学反应速率的相对快慢和温度对反应速率的影响程度。

7.5 催化剂与催化作用

影响化学反应速率的因素除了浓度和温度外，还有另一因素——催化剂。催化剂在化工制药等工业生产上应用广泛。目前化工产品的生产有 80%以上离不开催化剂。如合成氨、氨氧化制硝酸、尿素的合成、SO_2氧化制 SO_3、橡胶的合成、高分子的聚合反应等，都需要使用催化剂，有机染料、医药、农药的生产等也都离不开催化剂。

7.5.1 催化作用及其特征

有些物质能明显地延缓或抑制某一反应的速率，称为阻化剂。阻化剂往往在反应中消耗掉而不能反复使用，例如，为了防止塑料制品老化常加入的防老剂、减缓金属腐蚀的缓蚀剂等通称为阻化剂。一种或几种物质加入某化学反应系统中，可以显著加快反应的速率，而本身的质量和化学性质在反应前后保持不变，这种物质称为催化剂。催化剂能显著加快反应速率的这种作用称为催化作用。

催化反应可以分为三大类：一是均相催化，即催化剂与反应物质处于同一相，如酸对蔗糖水解的催化；二是多相催化，即催化剂与反应物不在同一相中，如 V_2O_5 对 SO_2 氧化为 SO_3 反应的催化；三是酶催化，如发酵反应等。这三类催化反应虽然反应机理各不相同，但均具有以下 4 个催化剂的基本特征。

（1）反应前后，催化剂本身的质量及化学性质保持不变，但常有物理性质的改变。例如，块状变为粉状或结晶的大小有了变化等。例如，催化 $KClO_3$ 分解的 MnO_2，作用进行后，MnO_2 从块状变为粉状。催化 NH_3 氧化的铂网，经过几个星期表面就变得比较粗糙。

（2）催化剂能改变反应途径，降低反应活化能，从而加速反应。例如 HI 的分解在 503 K，无催化剂时，反映的活化能为 184.1 kJ · mol^{-1}，当以 Au 为催化剂时反应的活化能降低为 104.6 kJ · mol^{-1}。假定指前因子 A 大体相同，两反应的速率常数之比为

$$\frac{k_{催化}}{k_{非催化}}=\frac{A\exp\left[-\frac{E_{催化}}{RT}\right]}{A\exp\left[-\frac{E_{非催化}}{RT}\right]}=\frac{\exp\left[-104.6\times10^3/(RT)\right]}{\exp\left[-184.1\times10^3/(RT)\right]}$$

$$=\exp\left[79500/(8.314\times503)\right]=1.8\times10^8$$

计算表明，使用 Au 作为催化剂后，HI 的分解反应速率提高了一亿八千万倍。

（3）催化只能缩短达到化学平衡的时间，而不能改变化学平衡。从热力学的观点来看，催化剂不能改变反应系统中的 $\Delta_r G_m^\ominus$。因此，催化剂不能使在热力学上不能进行的反应发生任何变化，对于已经达到平衡的反应，加入催化剂也不能使反应的平衡转化率发生变化。催化剂对反应的正、逆两个方向都产生同样的影响，所以对正方向反应优良的催化剂也是逆反应的催化剂。这一规律对寻找催化剂实验提供了很多方便。例如，有 CO 和 H_2 合成 CH_3OH 分解反应的催化剂，就可以作为合成 CH_3OH 的催化剂。

（4）催化剂具有特殊的选择性。催化剂的选择性具有两个方面的含义：第一，不同类型的反应需要选择不同的催化剂。例如，氧化反应的催化剂和脱氢反应的催化剂是不同的。即使是同一类型的反应，其催化剂也不一定相同。例如，SO_2 的氧化用 V_2O_5 作催化剂，而乙烯氧化却用 Ag 作催化剂。第二，对同样的反应物，选择不同的催化剂，可能得到不同的产物。例如，乙醇的分解反应，不同的催化剂和不同的反应条件，得到的产物也不同。

在化工生产中经常利用催化剂的选择性，加速所需的主反应，抑制副反应。在催化剂或反应系统内加入少量的杂质常可以强烈地影响催化剂的作用，有些杂质可以起到助催化剂的作用，有些杂质会使催化剂中毒，失去催化活性。

7.5.2 均相催化反应

均相催化反应的特点是反应物和催化剂同处于一项中，反应物和催化剂能够充分均匀接触，活性及选择性较高，反应条件温和，但催化剂的分离和回收较为困难。均相催化反应的机理可表示为

$$S+C \underset{k_-}{\overset{k_+}{\rightleftharpoons}} X \xrightarrow{k_2} R+C$$

式中：S 和 R 分别表示反应物和产物，C 是催化剂，X 是不稳定中间化合物。催化剂参与反应改变了原来的反应途径，致使反应活化能显著降低。

均相催化反应有两类，一类为气相催化反应，如乙醇的气相热分解反应，百分之几的碘催化反应，它在工业中的应用很多。有的反应只受 H^+ 催化，有的反应只受 OH^- 催化，有的反应既受 H^+ 催化也受 OH^- 催化。

例如，蔗糖的转化和酯类的水解是受 H^+ 催化的，其反应式为

$$C_{11}H_{22}O_{11}+H_2O \xrightarrow{H^+} C_6H_{12}O_6(葡萄糖)+C_6H_{12}O_6(果糖)$$

$$CH_3COOCH_3+H_2O \xrightarrow{H^+} CH_3COOCH_3+CH_3OH$$

实验表明，不仅酸和碱有催化作用，而且凡是能够接受质子的物质（称广义碱）或能放出质子的物质（称广义酸），也具有催化作用。如硝基胺可以在 OH^-催化下分解：

$$NH_2NO_2+OH^- \longrightarrow H_2O+NHNO_2^-\text{(质子转移)}$$

$$NHNO_2^- \longrightarrow N_2O+OH^-$$

也可以在广义碱 CH_3COO^- 催化下分解：

$$NH_2NO_2+CH_3COO^- \longrightarrow CH_3COOH+NHNO_2^-\text{(质子转移)}$$

$$NHNO_2^- \longrightarrow N_2O+OH^-$$

$$CH_3COOCH_3+OH^- \longrightarrow CH_3COO^-+H_2O$$

在酸碱催化反应中，质子转移的活化能较低，且生成正（或负）离子不稳定，易分解，因而反应速率加快。另外酸碱催化反应的速率与酸和碱的强度有很大关系。

液相催化反应中还有一类是络合催化。近 20 年来，络合催化成为均相催化发展主流。特别是近十年中有很大的进展。所谓络合催化，又称配位催化，就是指催化剂与反应基团构成配键，形成中间络合物，使反应基团活化，从而使反应易于进行。在化学工业的某些过程中，如加氢、脱氢、氧化、异构化、高分子聚合等已成功地得到应用。络合催化的机理，一般可表示为

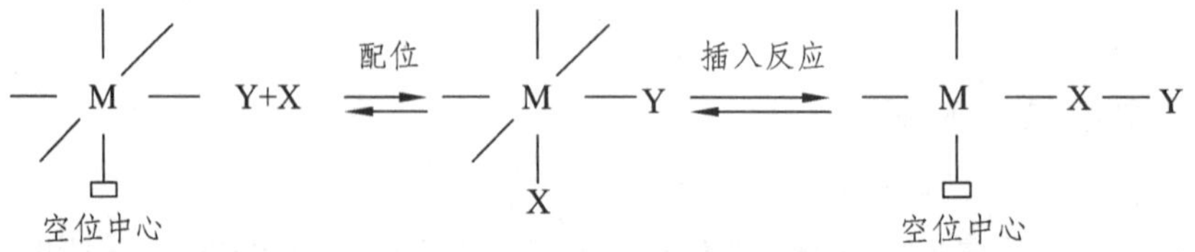

式中：M 代表中心金属原子，Y 代表配体，X 代表反应分子。首先反应分子 X 与配位数不饱和的络合物直接配位，然后配位体 X 随即转移插入到相邻的 M—Y 键中，形成 M—X—Y 键，插入反应又使空位恢复，然后又可以重新进行络合和插入反应。

下面以乙烯氧化制乙醛为例说明络合催化机理。总反应为

$$C_2H_4+\frac{1}{2}O_2 \xrightarrow{PdCl_2-CuCl_2} CH_3CHO$$

其反应机理如下：

（1）$PdCl_2$ 在足够高的 Cl^-浓度下，以 $[PdCl_4]^{2-}$ 存在，它能与 C_2H_4 强烈作用形成 π 络合物，即

$$[PdCl_4]^{2-}+C_2H_4 \rightleftharpoons [PdCl_2(OH)(C_2H_4)]^-+Cl^-$$

（2）此π络合物发生水解反应：

$$\left[PdCl_4(C_2H_4)\right]^- + H_2O \rightleftharpoons \left[PdCl_2(OH)(C_2H_4)\right]^- + H^+ + Cl^-$$

（3）水解产物发生插入反应，转化为σ^-络合物

$$\begin{bmatrix} & Cl & \\ & | & CH_2 \\ Cl - & Pd & \cdots \parallel \\ & | & CH_2 \\ & OH & \end{bmatrix}^- \rightleftharpoons \begin{bmatrix} & Cl & \\ & | & \\ Cl - & Pd & \cdots \ CH_2CH_2OH \\ & | & \\ & \square & \end{bmatrix}^-$$

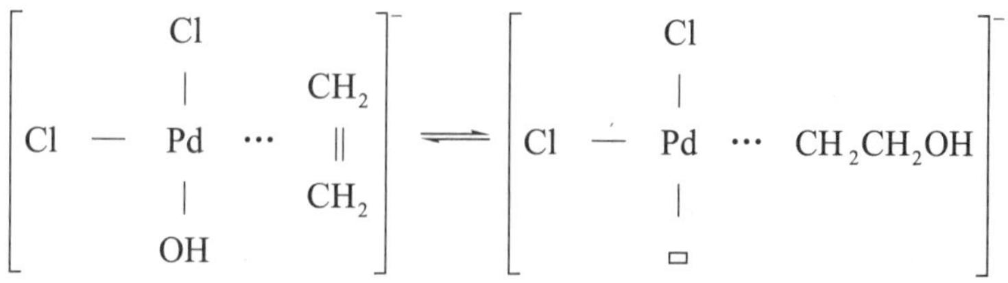

（4）第三步是乙烯插入金属氧键（Pd—O）中去。所得到的中间体很不稳定，迅速发生重排而得到产物乙醛和不稳定的钯氢化合物，后者迅速分解产生金属钯。

$$\begin{bmatrix} & Cl & \\ & | & \\ Cl - & Pd & - \\ & | & \\ & OH & \end{bmatrix}^- \xrightarrow{\text{重排}} CH_3CHO + \begin{bmatrix} & Cl & \\ & | & \\ Cl - & Pd & \cdots \ H \\ & | & \\ & \square & \end{bmatrix}^-$$

$$\begin{bmatrix} & Cl & \\ & | & \\ Cl - & Pd & \cdots \ H \\ & | & \\ & \square & \end{bmatrix}^- \xrightarrow{\text{重排}} Pd + 2Cl^-$$

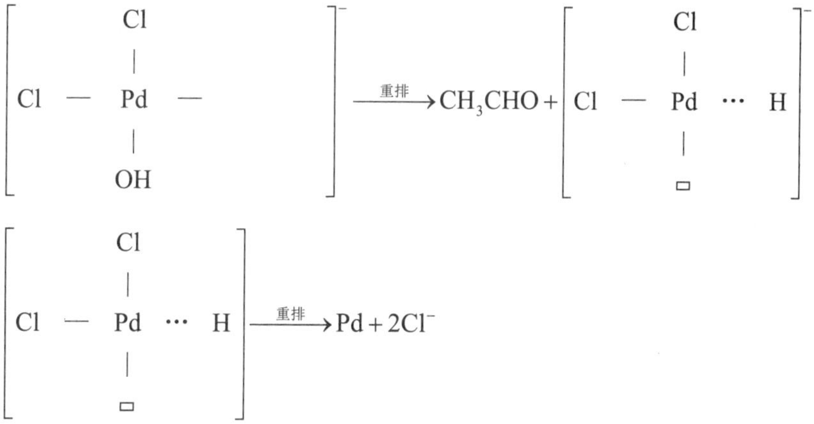

（5）金属 Pd 经 $CuCl_2$ 氧化后得到 $PdCl_2$，再参与反应，而生成的 CuCl 又迅速被氧化为 $CuCl_2$。这样就构成循环，反复使用。

$$Pd + CuCl_2 \longrightarrow PdCl_2 + 2CuCl$$

$$2CuCl_2 + 2HCl + \frac{1}{2}O_2 \longrightarrow 2CuCl + H_2O$$

另外还有一些重要的络合催化剂作用，有些已用于工业生产，如烯烃氢甲醛化反应（以钴或铑含膦配位体的羟基化合物为催化剂）。α-烯烃配位聚合（以 $TiCl_4/Al(C_2H_5)_3$ 为催化剂的乙烯聚合反应，以 $TiCl_4/MnCl_2$ 为催化剂的丙烯聚合反应）、烯烃氧化取代反应（以 $PdCl_2/HCl$ 为催化剂的乙烯氧化反应）等。

7.5.3 多相催化反应

多相催化反应，最常见的是固体催化剂催化气相或液相反应。不论是液体反应物或是气

体反应物都是在固体催化剂表面进行反应。其中气–固相催化在化工生产中得到广泛应用。

1. 气–固相催化反应的步骤

（1）反应物分子扩散到固体催化剂表面。

（2）反应物分子在固体催化剂表面发生吸附。

（3）吸附分子在固体催化剂表面进行反应。

（4）产物分子从固体催化剂表面解吸。

（5）产物分子通过扩散离开固体催化剂表面。

这五个步骤是连串步骤，其中（1）（5）是物理的扩散过程，（2）（4）是吸附和脱附过程，（3）是固体表面反应过程。以上各步都影响催化反应的速率，当各部速率相差很大时，则最慢的一步就决定了总反应速率。若扩散最慢，则（1）（5）控制反应速率；若吸附最慢，则（2）为速率控制步骤；若表面化学反应速率最慢，则（3）控制整个反应速率。由于吸附、扩散和化学反应各自服从不同规律，因此，不同的控制步骤有不同的动力学方程。

2. 固体催化剂的分类

目前使用的固体催化剂种类繁多，大体可分为：

（1）金属催化剂。如 Fe、Ni、Pt、Pd 等，这些催化剂均为导体。金属容易将氢分子解离为氢原子而吸附在金属表面，使氢活性大大提高，所以金属催化剂有利于加氢、脱氢反应。

（2）金属氧化物或硫化物。如 CuO、NiO、WS_2 等，主要用于氧化、还原等反应，为半导体催化剂。这一类催化热稳定较差，加热时晶格中得到或失去氧，使其化学计量关系有偏差，也正是由于晶体中氧的不稳定性，使其在氧化、还原反应上有较强的催化性能。

（3）金属氧化物。如 Al_2O_3、MgO 等，主要用于脱水、异构化等反应，该类催化剂都是绝缘体。由于催化剂与水有较好的亲和力，因而是有效的脱水剂。

3. 固体催化剂的构成与寿命

工业上所用的固体催化剂往往不是单一的物质，而是由主催化剂、助催化剂和载体组成。其中单独存在时具有明显催化活性的成分为主催化剂，如上述金属催化剂、金属氧化物氧化剂。所说的助催化剂是指单独存在时不具有或只有很小的催化活性，但与主催化剂组合后，则可明显改善、增强催化剂活性、选择性，或延长催化剂寿命的物质。如合成氨所用的 Fe 催化剂，加入少量 Al_2O_3 和 K_2O，催化性能显著改变。但是如果在合成氨中有 O_2、H_2O（g）、CO、CO_2 等杂质，将会使催化剂 Fe 中毒，失去催化活性。

工业上还常将催化剂吸附在一些多孔物质上作为催化剂的骨架，这些多孔物质称为载体，起到分散、黏合或支持催化剂的作用，如硅胶、氧化铅、活性炭、分子筛等。载体可增加催化的表面积，提高催化性能，同时也能增加催化剂的机械强度，延长催化剂的寿命。

7.5.4 酶催化反应

在生物体内进行各种复杂的反应，如脂肪、蛋白质、碳水化合物的合成与分解等基本上都是酶催化反应。目前，已知的各种各样的酶，其本身也都是某种蛋白质，其质点的直径范围在 10~100 nm。因此，酶催化反应可以看作是介于均相与多相催化之间，即可以看成反应物（在讨论酶催化作用时常将反应物叫作底物）与酶形成了中间化合物，也可以看成是在酶的表面上先吸附了底物，而后再进行反应。

酶是一种特殊的催化剂，除具有一般催化剂的共性外，还有以下几个特点。

（1）有较高的选择性。有些酶对底物的要求不太严格，例如，转氨酶、蛋白水解酶、肽酶等，可以催化某一类底物的反应，选择性不是很高。但某些酶对底物的要求则很专一，例如，尿素酶只能催化尿素水解为氨和二氧化碳的反应，对其他底物毫无作用。

（2）催化效率高。对同一反应来说，酶的催化能力比一般无机或有机催化剂高 10^8~10^{12} 倍。例如，过氧化氢分解酶，1 个酶分子就能在一秒钟分解 10^5 个 H_2O_2 分子，而石油裂解所使用的硅酸铝催化剂在 773 K 条件下，约 4 s 才能分解一个烃分子。

（3）反应条件温和。酶催化反应一般在常温常压下即可进行，例如，某些植物茎中的固氮生成酶，能在常温常压下固定空气中的氮，而且能将它还原成氨，但是合成氨工业中催化剂则需高温（770 K）高压（3×10^5 Pa），且需特殊设备。

（4）酶催化反应物的历程复杂，受 pH、温度以及离子强度的影响较大。酶催化反应用于工业生产中，可以简化工艺过程、降低能耗、节约资源、减少污染等。如生产抗菌素、酒、醋等酿造工业已成为一项重要的产业，又如，生物过滤法和活性污泥处理污水是环境工程中应用酶催化反应例证。

习　题

一、判断题

1. 在同一反应中各物质的变化速率相同。

2. 若一个化学反应是一级反应，则该反应的速率与反应物浓度的一次方成正比。

3. 一个化学反应进行完全所需的时间是半衰期的 2 倍。

4. 一个化学反应的级数越大，其反应速率也越大。

5. 对于一般服从阿累尼乌斯方程的化学反应，温度越高，反应速率越快，因此升高温度有利于生成更多的产物。

6. 若反应（1）的活化能为 E_1，反应（2）的活化能为 E_2，且 $E_1 > E_2$，则在同一温度下 k_1 一定小于 k_2。

7. 反应物分子的能量高于产物分子的能量，则此反应就不需要活化能。

8. 温度升高。正、逆反应速度都会增大，因此平衡常数也不随温度而改变。

9. 多相催化一般都在界面上进行。

10. 催化剂在反应前后所有性质都不改变。

二、单选题

1. 关于反应速率，表达不正确的是（　　）。

A. 与体系的大小无关而与浓度大小有关

B. 与各物质浓度标度选择有关

C. 可为正值也可为负值

D. 与反应方程式写法有关

2. 进行反应 $A + 2D \longrightarrow 3G$ 在 298 K 及 2 dm^3 容器中进行，若某时刻反应进度随时间变化率为 0.3 $mol \cdot s^{-1}$，则此时 G 的生成速率为（　　）$mol^{-1} \cdot dm^3 \cdot s^{-1}$。

A. 0.15　　B. 0.9　　C. 0.45　　D. 0.2 。

3. 某一基元反应，$2A(g) + B(g) \longrightarrow E(g)$，将 2 mol 的 A 与 1 mol 的 B 放入 1 L 容器中混合并反应，那么反应物消耗一半时的反应速率与反应起始速率间的比值是（　　）。

A. 1∶2　　B. 1∶4　　C. 1∶6　　D. 1∶8

4. 关于反应级数，说法正确的是（　　）。

A. 只有基元反应的级数是正整数　　B. 反应级数不会小于零

C. 催化剂不会改变反应级数　　D. 反应级数都可以通过实验确定

5. 某反应，其半衰期与起始浓度成反比，则反应完成 87.5%的时间 t_1 与反应完成 50%的时间 t_2 之间的关系是（　　）。

A. $t_1 = 2t_2$　　B. $t_1 = 4t_2$　　C. $t_1 = 7t_2$　　D. $t_1 = 5t_2$

6. 某反应只有一种反应物，其转化率达到 75%的时间是转化率达到 50%的时间的两倍，反应转化率达到 64%的时间是转化率达到 x%的时间的两倍，则 x 为（　　）。

A. 32　　B. 36　　C. 40　　D. 60

7. 有相同初始浓度的反应物在相同的温度下，经一级反应时，半衰期为 $t_{1/2}$；若经二级反应，其半衰期为 $t_{1/2}'$，那么（　　）。

A. $t_{1/2} = t_{1/2}'$　　B. $t_{1/2} > t_{1/2}'$　　C. $t_{1/2} < t_{1/2}'$　　D. 两者大小无法确定

8. 某反应速率常数 $k = 2.31 \times 10^{-2}\ mol^{-1} \cdot dm^3 \cdot s^{-1}$，反应起始浓度为 1.0 $mol \cdot dm^{-3}$，则其反应半衰期为（　　）。

A. 43.29 s　　B. 15 s　　C. 30 s　　D. 21.65 s

9. 反应 $A + B \longrightarrow C + D$ 的速率方程为 $r = k[A][B]$，则反应（　　）。

A. 是二分子反应

B. 是二级反应但不一定是二分子反应

C. 不是二分子反应

D. 是对 A、B 各为一级的二分子反应

10. 如果某一反应的 ΔH_m 为−100 $kJ \cdot mol^{-1}$，则该反应的活化能 E_a 是（　　）。

A. $E_a \geqslant -100\ kJ \cdot mol^{-1}$　　B. $E_a \leqslant -100\ kJ \cdot mol^{-1}$

C. $E_a = -100\ kJ \cdot mol^{-1}$　　D. 无法确定

二、计算题

1. 某一级反应 A$\longrightarrow$产物，初速度 $-\mathrm{d}c_A/\mathrm{d}t$ 是 1×10^{-3} mol · dm^{-3} · min^{-1}，1 h 后的速度是 0.25×10^{-3} mol · dm^{-3} · min^{-1}，求速度常数 k，半衰期 $t_{1/2}$ 和初始浓度 $c_{A,0}$。

2. 某二级反应 A+B$\longrightarrow$C，两种反应物的初始浓度皆为 1 mol · L^{-1}，经 10min 后反应掉 25%，求 k。

3. 一个反应的速度常数在 298 K 是 15 mol^{-1} · L · min^{-1} 和 308 K 是 37 mol^{-1} · L · min^{-1}。求该反应的活化能及在 283 K 时的速度常数。

4. 某化合物的分解是一级反应，该反应活化能 $E_a = 163.3$ kJ · mol^{-1}，已知 427 K 时该反应速率常数 $k = 4.3\times10^{-2}$ · s^{-1}，现在要控制此反应在 20 分钟内转化率达到 80%，试问反应温度应为多少？

5. 在 433 K 气相反应 $N_2O_5 \longrightarrow 2NO_2 + O_2$ 是一级反应

（1）在恒容容器中最初引入纯的 N_2O_5，3 s 后容器压力增大一倍，求此时 N_2O_5 的分解百分数和求速率常数。

（2）若反应发生在同样容器中但温度为 T_2，在 3 s 后容器的压力增大到最初的 1.5 倍，已知活化能是 103 kJ · mol^{-1}。求温度 T_2 时反应的半衰期及温度 T_2。

8 第八章　界面现象与胶体

学习要求

（1）理解比表面吉布斯函数、表面张力的定义、物理意义。
（2）了解液-液界面上的吸附现象，掌握吉布斯吸附等温式的应用。
（3）理解溶胶的特征及通性，溶胶的稳定性原因和溶胶聚沉。
（4）理解溶胶的动力学性质，光学性质、电学性质的本质及其应用。
（5）掌握溶胶的双电层结构及胶团结构式。
（6）了解分散体系的定义及分类。
（7）了解表面活性剂的概念及主要应用。

界面是任意两相的接触面，如气-液、气-固、液-液、液-固及固-固界面等。习惯上把气-液、气-固相界面称为表面。表面有时也泛指各种界面。

界面现象是指发生在界面处的物理化学现象。界面现象在自然界中普遍存在，如，荷叶上的露珠呈球形，洗涤剂能起泡去污，肥皂液能吹成气泡，硅胶能吸水，活性炭能脱色，等。本章主要讨论发生在气-液和气-固两种界面处的现象，习惯上称为表面现象。

对一定量物质而言，分散程度越高，其表面积就越大，界面现象也就越显著。通常用被分散物质单位体积或单位质量所具有的表面积，其比表面积（体积比表面积 A_V 或质量比表面积 A_m）来表示物质的分散程度，简称分散度。

$$A_V = \frac{A}{V} \text{ 或 } A_m = \frac{A}{m} \tag{8.1}$$

界面现象和分散体系在日用化工、制药、医学、生物、地质学等领域有着广泛的应用。

8.1 比表面吉布斯函数和表面张力

8.1.1 比表面吉布斯函数

物质表面层分子与体相中分子受力情况不一样。以气–液表面为例，如图 8.1 所示。在液体内部，任一分子都处于同类分子的包围之中，各个方向上的作用力是对称的，彼此相互抵消，其合力为零，故液体内部的分子可以无规则地运动而不消耗功。而表面层分子受液体内部分子的吸引力，远远大于液面上蒸气分子对它的吸引力，使表面层中的分子恒受到指向液体内部的拉力，因而液体表面的分子总是趋于向液体内部移动，力图缩小表面积，液体表面就如同一层紧绷了的富于弹性的橡皮膜。如果要扩大液体表面积，即把一些分子从液体内部移到表面上，就必须克服液体内部分子之间的吸引力而对体系做功，此功称为表面功。

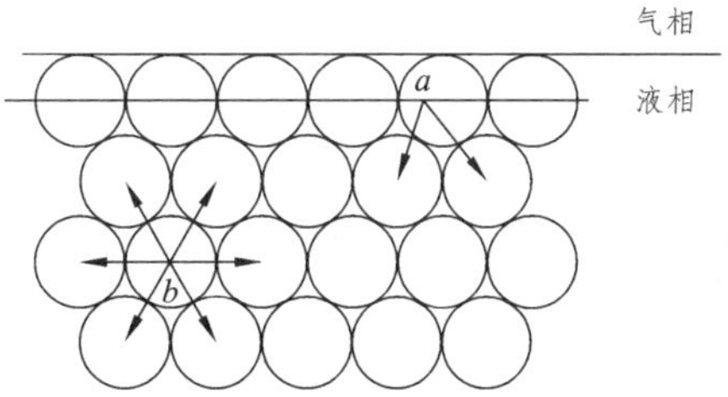

图 8.1　气液界面分子受力情况示意图

如果体系的组成不变，则在恒温、恒压条件下，可逆地使体系表面积增加 dA 所需的功为

$$\delta W' = \gamma \mathrm{d}A \tag{8.2}$$

根据热力学原理，在恒温、恒压可逆条件下，有

$$\delta W' = \mathrm{d}G \tag{8.3}$$

由式（8.2）和式（8.3）得

$$\gamma = \frac{\delta W'_R}{\mathrm{d}A} = \left(\frac{\mathrm{d}G}{\mathrm{d}A}\right)_{T,p} \tag{8.4}$$

积分有　　$$\Delta G = \gamma \Delta A \tag{8.5}$$

由此可见，γ 是在恒温、恒压及组成一定条件下，增加单位表面积，体系吉布斯函数的增量。因此，γ 被称为比表面吉布斯函数，单位为 $\mathrm{J \cdot m^{-2}}$。

【例 8.1】 将一滴体积 $V = 1\times10^{-6}\mathrm{m}^3$ 的水滴，分散成半径为 $1\times10^{-9}\mathrm{m}$ 的小液滴。已知水的 $\gamma = 72.75\times10^{-3}\ \mathrm{J \cdot m^{-2}}$，试计算：（1）分散成水滴总数；（2）分散前后水滴的表面积和比表面积，并进行比较；（3）体系吉布斯函数增大多少？

解：（1）球体体积 $V=\frac{4}{3}\pi r^3$

体积 $V=1\times10^{-6}\ \mathrm{m}^3$ 的水滴，其半径 $r=\sqrt[3]{\frac{3V}{4\pi}}=6.2\times10^{-3}\ (\mathrm{m})$

分散成半径为 $r_1=1\times10^{-9}\ \mathrm{m}$ 的水滴时，分散后的液滴总数为

$$n=\frac{\frac{4}{3}\pi r^3}{\frac{4}{3}\pi {r_2}^3}=\left(\frac{r}{r_2}\right)^3=\left(\frac{6.2\times10^{-3}}{10^{-9}}\right)^3=2.4\times10^{20}$$

（2）球体的表面积 $A=4\pi r^2$，比表面积 $A_V=\frac{A}{V}=\frac{4\pi r^2}{\frac{4}{3}\pi r^3}=\frac{3}{r}$

半径为 r 的球形液滴：

总表面积 $A=4\pi r^2=4\pi\times(6.2\times10^{-3})^2=4.8\times10^{-4}(\mathrm{m}^2)$

比表面积 $A_V=\frac{3}{6.2\times10^{-3}}=4.8\times10^2\ (\mathrm{m}^{-1})$

分散后半径为 r_1 的小液滴：

每个小液滴的面积为

$$4\pi r_1^2=4\pi\times(1\times10^{-9})^2=1.3\times10^{-17}(\mathrm{m}^2)$$

总表面积 $n4\pi r_1^2=2.4\times10^{20}\times1.3\times10^{-17}=3.1\times10^3(\mathrm{m}^2)$

比表面积 $A_V'=\frac{3.1\times10^3}{1\times10^{-6}}=3.1\times10^9(\mathrm{m}^2)$

分散后与分散前总表面积之比为 $\frac{3.1\times10^3}{4.8\times10^{-4}}=6.5\times10^6$

分散后与分散前比表面积之比为 $\frac{3.1\times10^9}{4.8\times10^2}=6.5\times10^6$

由计算结果可见，当体积 $V=1\times10^{-6}\ \mathrm{m}^3$ 的水滴分散成半径为 $1\times10^{-9}\ \mathrm{m}$ 的小液滴时，其总表面积和比表面积均是原来的 6.5×10^6 倍。因此，当体系的分散程度很高时，其总面积是很大的，此时表面现象不能忽略。

（3）体系吉布斯函数增大为

$$\Delta G=\gamma\Delta A=72.75\times10^{-3}\times(3.1\times10^3-4.8\times10^{-4})=225.5(\mathrm{J})$$

8.1.2 表面张力

如图 8.2 所示，在一金属框架上装有可自由移动的金属丝，将金属丝固定后使框架蘸上一层肥皂膜。此时，若放松金属丝，肥皂膜会自动收缩以减小表面积。欲使膜表面积维持不变，需要在金属丝上施加一相反的力 F，其方向与金属丝垂直，大小与金属丝的长度成正比。若在恒温、恒压下，抵抗力 F 使金属丝向移动 dx 距离，使液膜的面积增大 dA。忽略摩擦力时，可逆表面功为

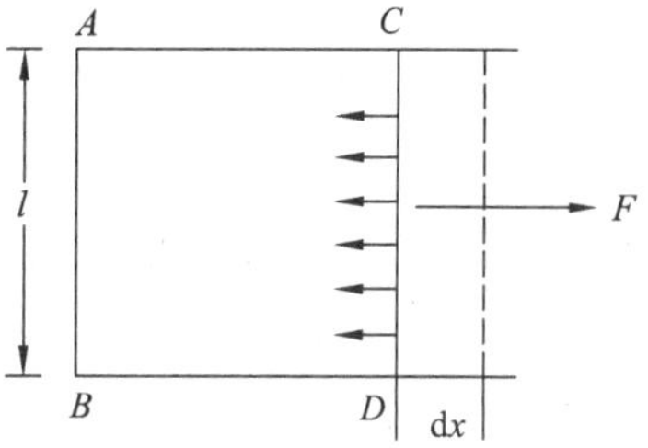

图 8.2　表面功示意图

$$\delta W' = F\mathrm{d}x \tag{8.6}$$

由于膜有两个表面，故增加的表面积 $\mathrm{d}A = 2L\mathrm{d}x$，代入式（8.2），整理得

$$\gamma = \delta W' / \mathrm{d}A = \frac{F\mathrm{d}x}{2L\mathrm{d}x} = \frac{F}{2L} \tag{8.7}$$

由此可知，比表面吉布斯函数 γ 在数值上等于液体表面上垂直作用于单位长度线段的表面紧缩张力，这个力称为表面张力，其单位为 $N \cdot m^{-1}$ 或 $mN \cdot m^{-1}$。平液面的表面张力与液面平行，而弯曲液面的表面张力与液面相切。

同一种液体的表面张力和比表面吉布斯函数具有相同的数值和量纲，并且均用符号“γ”表示，但它们的物理意义不同，二者是从不同角度描述体系的同一性质。因为许多固体是各向异性的，所以固体的表面张力和比表面吉布斯函数有所不同，式（8.6）只适用于液体。

与之类似，其他界面，如固体表面、液-液界面、液-固界面等由于界面层分子受力不对称，也同样存在着表面张力。

8.1.3 影响表面张力的因素

表面张力是物质的一种强度性质，其大小与物质的本性、所接触相的性质、温度及压强均有关系。

1. 物质的本性

表面张力是分子间相互作用的结果，不同的物质的分子间的作用力不同，对界面上的分子影响不同，表面张力也不同。通常，物质分子间相互作用愈大，表面张力也愈大：高温下熔融态金属（如 Cu、Ag）>氧化物熔融体和熔融盐>极性分子的物质>非极性分子的物质（如氯、乙醚等），见表 8.1。

表 8.1　20℃时一些液体的表面张力

物质	$\gamma/(N \cdot m^{-1})$	物质	$\gamma/(N \cdot m^{-1})$	物质	$\gamma/(N \cdot m^{-1})$
水	0.0728	丙酮	0.0237	正己烷	0.0184
甲醇	0.0226	四氯化碳	0.0268	正辛烷	0.0218
乙醇	0.0228	苯	0.0289	正辛酮	0.0275
醋酸	0.0276	甲苯	0.0284	汞	0.0470

2. 所接触相的性质

同一物质与不同性质的其他物质接触时，表面分子所处力场不同，导致表面张力出现明显差异。表 8.2 为 20℃时水与不同液体接触时的表面张力。

表 8.2　20℃时水与不同液体接触时的表面张力

界面	$\gamma/(N \cdot m^{-1})$	界面	$\gamma/(N \cdot m^{-1})$	界面	$\gamma/(N \cdot m^{-1})$
水–正己烷	0.0511	水–乙醚	0.0107	水–苯	0.0350
水–正辛醇	0.0508	水–四氯化碳	0.0450	水–硝基苯	0.0257
水–氯仿	0.0328	水–正辛烷	0.0085	水–汞	0.3753

3. 温度

随着温度升高，物质的体积膨胀，分子间的距离变大，分子间的作用力减弱，因此表面张力通常随温度升高而减小。液体表面张力受温度影响较大，当温度升至临界温度时，由于液态分子间作用力与气态分子间作用力的差消失，表面张力将降至零，见表 8.3。

表 8.3　不同温度下液体的表面张力

液　体	温度/℃					
	0	20	40	60	80	100
水	75.64	72.75	69.58	66.18	62.61	58.85
乙醇	24.05	22.27	20.60	19.01	—	—
四氯化碳	—	26.8	24.3	21.9	—	—
丙酮	26.2	23.7	21.2	18.6	16.2	—
甲苯	30.74	28.43	26.13	23.81	21.53	19.36

4. 压强

增大压强是一般会降低液体的表面张力。因为压强增大，可使气相的密度增大，减小液体表面层分子受力的不对称程度；而且还可使气体在液体中的溶解度增大，使液相组成发生改变。通常每增加 1MPa 的压强，表面张力约下降 $1mN \cdot m^{-1}$，可见压强对表面张力的影响程度较小，通常可忽略不计。

8.2 吸附作用

8.2.1 溶液表面的吸附作用

在恒温、恒压下，纯液体的表面张力是一定值，但在液体中加入溶质后，表面张力会发生变化。大量实验表明，在一定温度的纯水中，分别加入不同种类的溶质时，溶质的浓度对溶液表面张力的影响大致分为三类（见图 8.3）。I 类：随着溶质浓度增大，溶液表面张力略微增大，如无机盐类、不挥发的无机酸、碱及含有多个羟基的有机化合物（如蔗糖、甘油等）。II 类：随着溶质浓度增大，溶液表面张力下降，如有机酸、醇、醛、醚、酮等。III 类：随着溶质浓度增大，溶液的表面张力先急剧下降后几乎不变，如肥皂、合成洗涤剂等。

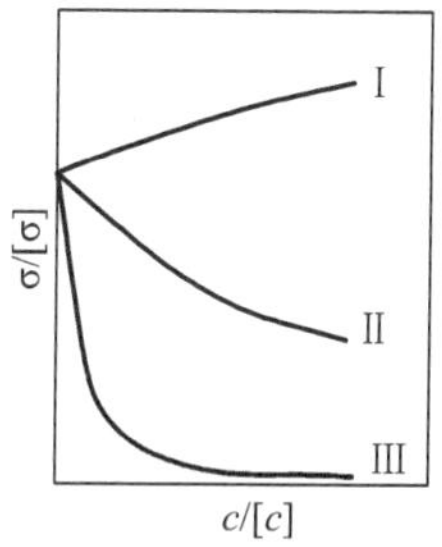

图 8.3 溶质的浓度为溶液表面张力的影响

当溶剂中加入能形成图 8.3 中 II 、III类的物质后，由于它们都是有机类化合物，分子之间的相互作用较弱，当其富集于表面时，会使表面层分子间的相互作用减弱，使溶液的表面张力降低，进而降低比表面吉布斯函数，故这类物质会自动地富集到表面层，使得其在表面层的浓度高于本体浓度，这种现象称为正吸附。与此相反，当溶剂中加入 I 类物质后，溶液的表面张力升高，进而使比表面吉布斯函数升高，为降低影响，这类物质会自动地向溶液本体迁移，使得它在表面层的浓度低于本体浓度，这种现象称为负吸附。溶质在溶液表面层中的浓度与在溶液本体中浓度不同的现象，称为溶液表面的吸附。

8.2.2 吉布斯吸附等温式

单位面积的表面层中所含溶质的物质的量与同量溶剂在溶液本体中所含溶质物质的量的差值，称为表面吸附量或表面过剩量以符号 Γ 表示，其单位为 $\mathrm{mol \cdot m^{-2}}$。

1976 年，吉布斯用热力学方法推导出在一定温度 T 下，溶质表面的吸附量 Γ 与溶质浓度 c、溶液的表面张力 γ 之间的关系式，称为吉布斯吸附等温式：

$$\Gamma = -\frac{c}{RT}\left(\frac{\delta\gamma}{\delta c}\right)_T \tag{8.8}$$

式中 Γ——表面吸附量，$\mathrm{mol \cdot m^{-2}}$；

c——溶质的浓度，$\mathrm{mol \cdot dm^{-3}}$；

$\left(\frac{\delta\gamma}{\delta c}\right)_T$——表面张力随浓度的变化率，$\mathrm{N \cdot m^{2} \cdot mol^{-1}}$。

由该式可以看出：当$\left(\frac{\delta\gamma}{\delta c}\right)_T$小于 0 时，$\Gamma>0$，表明凡是增加浓度能使溶液表面张力降低溶质，在溶液的表面层必然发生正吸附；当$\left(\frac{\delta\gamma}{\delta c}\right)_T$大于 0 时，$\Gamma<0$，表明凡是增加浓度能使溶液表面张力上升溶质，在溶液的表面层必然发生负吸附；当$\left(\frac{\delta\gamma}{\delta c}\right)_T$等于 0 时，$\Gamma=0$，说明溶液表面无吸附作用。

用吉布斯吸附等温式计算某溶质的吸附量（即表面过剩量）时，在恒温下，可由实验测定一组不同浓度 c 对应的表面张力 γ，以 γ 对 c 作图，得到 γ–c 曲线。将曲线上某指定浓度 c 下的斜率$\left(\frac{\delta\gamma}{\delta c}\right)$，即$\left(\frac{\delta\gamma}{\delta c}\right)_T$代入式（8.8），则可求得该浓度下溶质在溶液表面的吸附量。将不同浓度下求得的吸附量对溶液浓度作图，可得到 Γ–c 曲线，即溶液表面的吸附等温线。

8.2.3 表面活性剂

1. 表面活性剂的定义及其特征

通常我们将能使溶液表面张力增加的物质称为表面惰性物质，而把能使溶液表面张力减小的物质称为表面活性物质。但习惯上，表面活性物质是指那些溶入少量就能显著降低液体表面张力的物质。

按化学结构分类，表面活性剂可分为离子型和非离子型两大类。当表面活性剂溶于水时，凡能电离生成离子的称为离子型表面活性剂，凡在水中不电离的称为非离子型表面活性剂。离子型表面活性剂又分为阴离子、阳离子和两性表面活性剂三种。

2. 表面活性剂在吸附层中的定向排列

表面活性剂的分子是由具有亲水性的极性基团和具有憎水性的非极性基团所组成的有机化合物，因而表面活性剂都是两亲分子。表面活性剂的浓度变化时其分子在溶液表面上和溶液内部的排列情况如图 8.4 所示。

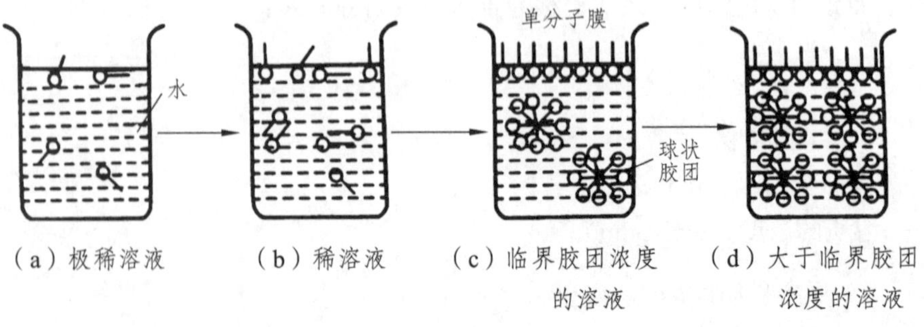

图 8.4　表面活性剂的浓度变化时其分子在溶液表面上和溶液内部的排列情况

（a）表示在表面活性剂浓极低时，空气和水几乎直接接触，水的表面张力无明显下降，几乎接近纯水状态。

（b）为表面活性剂浓度略微增大到稀溶液时，表面活性剂聚集在水面，其分子的憎水基有逃逸出水面的倾向，而分散在水中的表面活性剂分子，倾向于三三两两地相互接触，有憎水基靠在一起的趋势。

（c）为表面活性剂的浓度达到临界胶束浓度的状态。此时，溶液表面吸附达到饱和状态，液面上形成一层定向紧密排列的表面活性剂分子，分子的亲水基插入水中，憎水基翘出水面。在溶液内部几十个或几百个表面活性剂的分子聚集成憎水基团向里、亲水基团向外的多分子聚集体，称之为胶束。胶束中表面活性剂分子的亲水性基团与水分子相接触，而憎水性基团则包在胶束中，几乎完全脱离了与水分子的接触。因此，胶束在水溶液中可以比较稳定地存在。通常把溶液中胶束数量开始显著增加的浓度称为临界胶束浓度。

（d）为溶液浓度大于临界胶束浓度的状态。此时，液面上早已形成紧密定向排列的单分子膜，达到饱和吸附。再增加表面活性剂的浓度只能增加液体内部胶束的个数或使得胶束的形状变得复杂。

表面活性剂分子在溶液表面层的定向排列和在溶液本体中形成胶束，是表面活性剂分子的两个重要的特性。

3. 表面活性剂的应用

表面活性剂具有润湿、乳化、助磨、发泡和消泡、增溶、匀染、杀菌及防锈等作用。在日常生活、化工制药生产、科研中均有广泛的应用。

（1）去污作用

污垢一般是由油脂和灰尘等物质组成的，许多油类对衣物、餐具等润湿良好，在其上能自动铺展开，但却很难溶于水。在洗涤时，我们用肥皂、洗涤剂等表面活性剂，是因为在它们的作用下，污垢与衣物表面的黏附力降低，借助于机械摩擦和水流的带动使污垢从物上脱落。此外，表面活性剂还有乳化作用使脱落的油污分散在水中，最终达到洗涤的目的。

（2）助磨作用

我国古代劳动人民很早就有水磨比干磨效率高的经验。如米粉、豆粉之类，水磨的要比干磨的细得多。在固体物料的粉碎过程中，若加入表面活性物质（助磨剂）可增加粉碎程度，提高粉碎的效率。如果不加任何助磨剂当磨细到颗粒度达几十微米以下时，颗粒很微小，比表面很大，使体系具有很大的比表面吉布斯函数，体系处在热力学的高度不稳定状态，此时，只能靠表面积自动地变大，即颗粒度变大，以降低体系的比表面吉布斯。因此，若想提高粉碎效率，得到更细的颗粒，必须加入适量的助磨剂，如水、油酸、亚硫酸纸浆废液等。

（3）发泡和消泡作用

不溶性气体分散在液体或固体熔化物中所形成的分散体系称为泡沫。要产生稳定的泡沫需要加入表面活性剂作起泡剂。起泡剂分子定向吸附在液膜表面，形成具有一定机械强度的弹性膜，可显著降低溶液的界面张力，使泡沫稳定。一些含有表面活性剂或具有表面活性物质的溶液，如中草药的乙醇液，含有皂甙、树胶、蛋白质及其他高分子化合物的溶液，当剧烈搅拌或蒸发浓缩时，可产生稳定的泡沫。啤酒、矿物浮选、塑料等工艺都需要用起泡剂来进行生产。在医学上，发泡剂也用于胃充气扩张便于使用 X 射线透视检查。

在生活和生产中，有时泡沫也会给人们带来许多不便，此时就需消泡。例如，污水处理、染料生产、抗菌素的发酵、中药提取等若有泡沫存在，会严重影响生产及操作。常采用的化学消泡剂是表面活性很大且碳链较短（C3~C3）的表面活性物质，它们可与泡沫液层争夺液膜表面而吸附在泡沫表面上，代替原来的起泡剂，而其本身并不能形成稳定的液膜，故使泡沫破坏。

8.2.4　固体表面对气体的吸附

向一个充满黄绿色的氯气的玻璃瓶中加入一定量的活性炭，片刻后，我们观察到气体的黄绿色逐渐消失了，表明氯气分子富集在活性炭上了。这种在一定条件下，物质的分子、原子或离子自动地富集在某种固体表面的现象，称为固体表面的吸附，如活性炭脱色、硅胶吸水、吸附树脂脱酚等。其中，具有吸附能力的物质（如活性炭）叫吸附剂，被吸附的物质（如氯气）叫吸附质。

1. 物理吸附与化学吸附

按吸附剂与吸附质作用力性质的不同，吸附可分为物理吸附与化学吸附。物理吸附时，吸附剂与吸附质分子间以范德华引力相互作用，类似于气体在固体表面上发生凝聚；而化学吸附时，吸附剂与吸附质分子间发生化学反应，以化学键相结合，类似于气体分子与固体表面质点发生化学反应。这两类吸附的性质和规律各不相同，见表 8.4。

表 8.4　物理吸附与化学吸附的区别

性质	物理吸附	化学吸附
吸附力	范德华引力	化学键力
吸附层数	单层或多层	单层
吸附热	小（近于液化热）	大（近于反应热）
选择性	无或很差	较强
可逆性	可逆	不可逆
吸附平衡	易达到	不易达到

物理吸附与化学吸附有时可同时发生，并且在不同的情况下吸附性质也可发生变化。例如，CO（g）在 Pd 上的吸附，低温下是物理吸附，高温时则表现为化学吸附。

2. 吸附平衡与吸附量

气相中的分子可被吸附在固体表面，已被吸附的气体分子也可以脱附（也称解吸）而逸回气相。在温度、压强、吸附质及吸附剂一定的情况下，当吸附速率与脱附速率相等时，即达到了吸附平衡状态。此时，吸附在固体表面上的气体的量不再随时间而变化。

在一定温度、压强下气体在固体表面达到吸附平衡时，单位质量的固体所吸附的气体的物质的量或其在标准状态下所占的体积，称为平衡吸附量（或吸附量），用符号 Γ 表示。

$$\Gamma=\frac{V}{m} \tag{8.9}$$

或

$$\Gamma=\frac{n}{m} \tag{8.10}$$

式中 n——吸附达平衡时被吸附气体的物质的量，mol；

m——吸附达平衡时吸附剂的质量，kg；

V——吸附达平衡时被吸附气体在标准状态下的体积，dm^3；

Γ——平衡吸附量（或吸附量），$mol\cdot kg^{-1}$ 或 $dm^3\cdot kg^{-1}$。

固体对气体的吸附量是温度和气体压强的函数，可表示为

$$\Gamma=f(T,p)$$

为了便于找出规律，在吸附量、温度、压强这三个变量中，常常固定一个变量，测定其他两个变量之间的关系。在恒压下，反映吸附量与温度之间关系的曲线称为吸附等压线；吸附量恒定时，反映吸附的平衡压强与温度之间关系的曲线称为吸附等量线；在恒温下，反映吸附量与平衡压强之间关系的曲线称为吸附等温线。三种曲线中最重要、最常用的是吸附等温线。

3. 吸附等温线

吸附等温线大致可归纳为五种类型，见图 8.5。图中纵坐标代表吸附量，横坐标为比压 p/p^*。p^*代表在该温度下被吸附物质的饱和蒸气压，p 是吸附平衡时的压强。例如，类型 I 为单分子层吸附，如在 78 K 时 N_2 在活性炭上的吸附，类型Ⅱ～Ⅴ均为多分子吸附，如 78 K 时 N_2在硅胶上或铁催化剂上的吸附属于类型Ⅱ，352 K 时 Br_2吸附属于类型Ⅲ，323 K 时 C_6H_6 在氧化铁凝胶上的吸附属于类型Ⅳ，373 K 时水气在活性炭上的吸附属于类型Ⅴ。

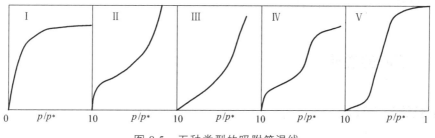

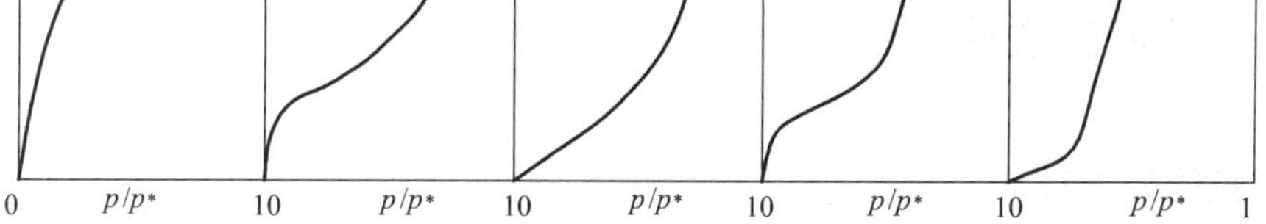

图 8.5 五种类型的吸附等温线

8.3 分散体系的分类及胶体的性质

分散体系是指一种或几种物质分散在另一种物质中所构成的体系。其中，被分散的物质叫分散质（或分散相），起分散作用的物质叫分散介质。按被分散物颗粒的大小，分散体系分为分子分散体系、胶体分散体系和粗分散体系三类。

分子分散体系中被分散的物质是以原子、分子、离子大小均匀地分散在介质中，粒子直径在 10^{-9}m 以下，可称为溶液。溶液透明、均一、稳定，粒子扩散速度快，溶质和溶剂均可透过半透膜，是热力学稳定体系。

胶体分散体系分散相的粒子直径在 $10^{-9}\sim10^{-7}$m 范围内，分散相的粒子是由许多原子、分子或离子组成的集合体，分散相与分散介质之间有界面存在。胶体粒子不能透过半透膜，粒子扩散速度慢。胶体分散体系是高度分散的多相体系和热力学的不稳体系。

粗分散体系，分散相粒子直径大于 10^{-7}m，如牛奶、雾、泡沫、油漆、乳状液、烟、悬浮液和粉尘等。粗分散体系表现为多相、浑浊、不透明，分散相不能透过半透膜及滤纸，在放置过程中分散相与介质很容易自动分开。

按分散相和分散介质的聚集状态不同，多相分散体系可分成八大类，见表 8.5。

表 8.5　胶体分散体系和粗分散体系的分类

分散介质	分散相	名称	实例
气	液	气溶胶	云，雾，喷雾
	固		粉尘，烟
液	气	泡沫	肥皂泡沫
	液	乳状液	牛奶，含水原油
	固	液溶胶或悬浮液	泥浆，油漆
固	气	固溶胶	泡沫塑料
	液		珍珠
	固		有色玻璃，非均匀态合金

本节主要研究固体分散在液体中的胶体分散体系，也称为溶胶。

8.3.1　溶胶的性质

1. 溶胶的光学性质

胶体分散体系的光学性质，是其高的分散性和多相不均匀性特点的反映。

英国物理学家丁达尔于 1869 年发现，在暗室中，当一束聚集的光线通过溶胶时，在入射光的垂直方向可以看到一个发光的圆锥体。该现象即为**丁达尔效应**，也称为乳光效应。

可见光的波长在400~760 nm的范围内,其射入分散体系的作用与分散相粒子的大小有关。当分散相粒子的直径大于入射光的波长时，光投射在粒子上起反射作用，例如悬浮液和乳状液，只能看到反射光。如果粒子的直径小于入射光的波长，光波可以绕过粒子而向各个方向传播，这就是光的散射作用。溶胶粒子的直径在 $10^{-9} \sim 10^{-7}$ m，比可见光的波长小，因此，对于溶胶来说，散射作用最明显。散射出来的光称为乳光，故丁达尔效应也称乳光效应。丁达尔效应是溶胶所具备的特征，是判别溶胶与溶液的最简便的方法。

丁达尔效应在日常生活中能经常可见，夜晚的探照灯或由放映机所射出的光或日光通过空气中的灰尘微粒时，就会产生丁达尔效应。

2. 溶胶的力学性质

1827年植物学家布朗用显微镜观察到悬浮在液面上的花粉粒子不断地做不规则的运动，后来人们称这种运动为布朗运动。进一步研究发现，凡是粒度小于 4×10^{-6}m 的粒子在分散介质中皆呈现这种运动。用超显微镜观察到胶体粒子不断地做不规则“之”字形运动，此即布朗运动，如图8.6所示。它是由于分散介质的分子热运动碰撞胶体粒子的合力不为零而引起的。

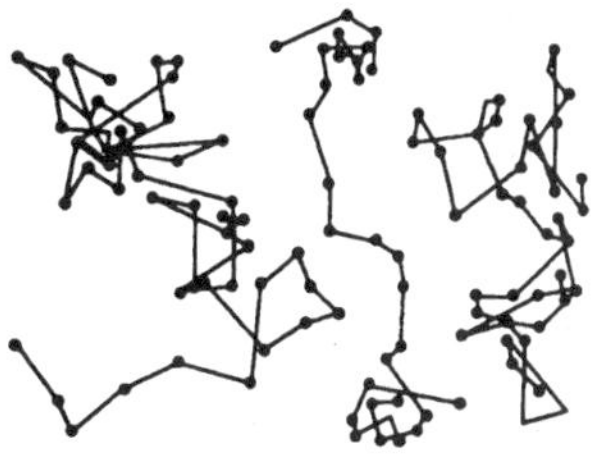

图 8.6　布朗运动示意图

布朗运动是分子热运动的必然结果，其实质上是胶体粒子的热运动。胶体粒子越小、温度越高、介质的黏度越小，布朗运动越强烈。

由于溶胶有布朗运动，因此与真溶液一样，在有浓度梯度存在的情况下，会发生由高浓度处向低浓度处的扩散。但因溶胶粒子比普通分子大得多，热运动弱得多，因此扩散也慢得多。爱因斯坦（Einstein）假定粒子为球形，推导出了粒子在 t 时间的平均位移（X）和扩散系数（D）之间的关系式

$$X^2 = 2Dt \tag{8.11}$$

扩散系数 D 的物理意义是在单位浓度梯度下，单位时间内，通过单位面积的物质的量，其值与粒子的半径、介质粘度及温度有关

$$D = \frac{RT}{6L\pi r\eta} \tag{8.12}$$

式中　D——扩散系数，$m^2 \cdot s^{-1}$；

R——摩尔体积常数，$J \cdot K^{-1} \cdot mol^{-1}$；

L——阿伏伽德罗常数，mol^{-1}；

T——热力学温度，K；

r——粒子半径，m；

η——介质的黏度，Pa·s。

由式（8.12）可知，粒子半径越小、介质的黏度越小、温度越高，则扩散系数越大，粒子的扩散能力也越强。

多相分散体系中，分散相粒子一方面由于布朗运动引起的扩散作用则使粒子趋于均匀分布，另一方面因为受到重力场作用而下沉（称为沉降）。沉降与扩散是两种效应相反的作用，沉降速率和扩散速率在数值上相等时，粒子的分布达到平衡，形成了一定的浓度梯度，这种状态称为沉降平衡。

通常把体系中粒子保持分散状态而不沉降的性质，称为分散体系的动力学稳定性，即具有动力稳定性的体系处于沉降平衡状态。溶胶由于布朗运动和扩散作用阻止了胶粒的下沉，所以，溶胶具有动力学稳定性。根据浓度随高度的分布情况可以鉴别分散体系的动力学稳定性。粒子的体积越大、分散相与分散介质的密度差越大，达到沉降平衡时粒子的浓度梯度也越大，体系越不稳定。因此，动力稳定性是溶胶区别于粗分散体系的一个重要特征。

3. 溶胶的电学性质

溶胶是一个高度分散的多相体系，分相的粒子与分散介质之间存在着明的相界面。实验发现，在外电场的作用下，固、液两相可发生相对运动；反过来，在外力作用下，迫使固、液两相发生相对运动时，又可产生电势差。溶胶的这种与电势有关的相对运动称为电动现象，主要包括电泳、电渗、流动电势和沉降电势。

（1）电泳。

以 $Fe(OH)_3$ 溶胶为例，如图 8.7 所示，实验时先在 U 型管内装入 NaCl 溶液，再通过支管从 NaCl 溶液的下面缓慢地压入棕红色的 $Fe(OH)_3$ 溶胶，使其与 NaCl 溶液之间有清楚的界面存在，通直流电后可以观察到电泳管中阳极一端界面下降，阴极一端界面上升，$Fe(OH)_3$ 溶胶向阴极方向移动，说明 $Fe(OH)_3$ 胶粒带正电，为正溶胶。这种在外加电场作用下，胶体粒子在分散介质中定向移动的现象称为电泳。实验证明：若在溶胶中加入电解质，会对电泳产生显著影响，随着外加电解质的增加，电泳速率通常会降低甚至为零，甚至电泳方向会发生改变，表明外加电解质还可以改变胶粒带电的符号。

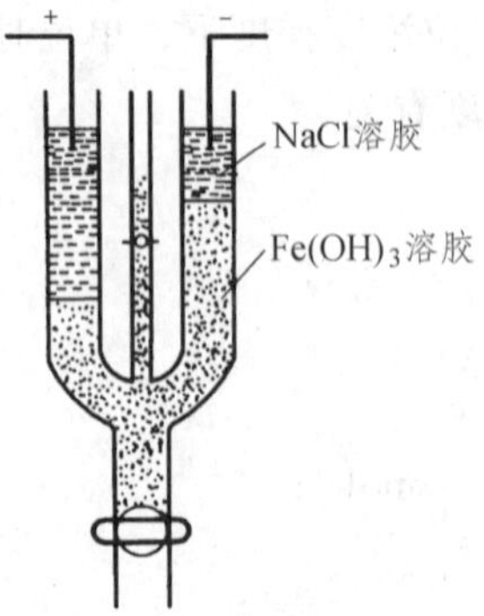

图 8.7　电泳实验装置示意图

生物化学中常用电泳来分离各种氨基酸和蛋白质等，医学上利用血清的“纸上电泳”可以协助诊断患者是否有肝病变。

（2）电渗。

如图 8.8 所示，1、2 中盛溶胶，3 为多孔膜，胶体粒子被多孔膜吸附固定。当电极 5、6 上间加一定电压时，液体便会透过多孔膜 3（如玻璃纤维、素瓷片、黏土颗粒、甚至棉花等）而朝某一方向移动（通过毛细管 4 内气泡的移动即可看到），移动的方向与多孔性物质的材料和管内液体的性质有关。这种在外加电场作用下，分散介质通过多孔性物质而定向流动的现象称为电渗。和电泳一样，溶胶中外加电解质对电渗速率的影响也很显著，随着电解质的增加，电渗速率降低，而且还会改变液流动的方向。

电渗现象在工业及工程上很实用，例如，水的净化、工程上拦水坝或泥炭脱水等都可采用电渗法。

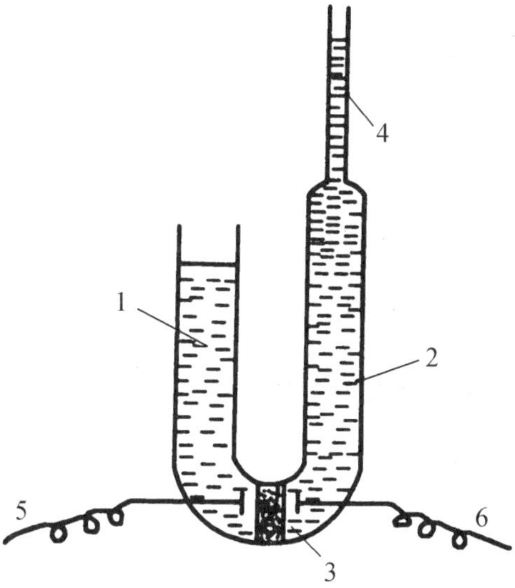

图 8.8　电渗实验装置示意图

8.3.2　溶胶的胶团结构

以 $AgNO_3$ 溶液与过量的 KI 液反应制备 AgI 溶胶为例来说明胶团结构。如图 8.9 所示图中的小圆圈表示 AgI 微粒，也称为胶核；第二个圆圈表示紧密层；最外边的圆圈则表示扩散层的范围即整个胶团的大小。由于 KI 过量，AgI 胶核会因吸附过量的 I^- 而带负电，故为负溶胶。该溶胶分散质为 AgI 颗粒，它是由很多个 AgI 微粒聚集而成的，视分散相半径的大小不同，AgI 的数目不同，以 m 表示其个数。m 个 AgI 吸附了 n 个 I^- 构成带负电荷的 AgI 胶体粒子。同时，有 n 个 K^+ 分布在紧密层和扩散层中，若在扩散层中有 x 个 K^+，则在紧密层中有（$n-x$）个 K^+。此溶胶的结构可表示为 $\{[AgI]_m nI^- \cdot (n-1)K^+\}^{x-} \cdot xK^+$。

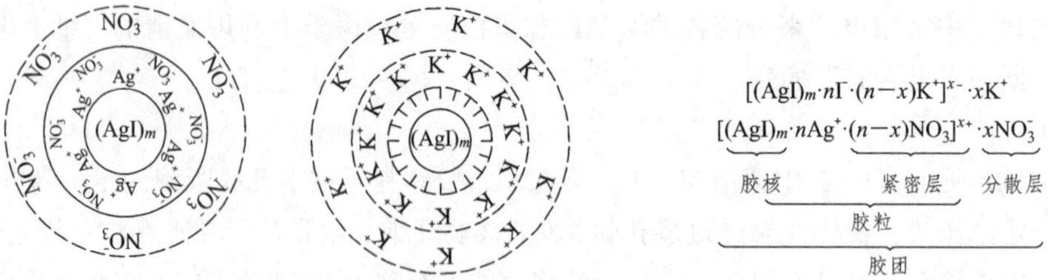

图 8.9　溶胶的结构（左）及结构式（右）示意图

反之，若 KI 溶液与过量 $AgNO_3$ 溶液反应，可制得 AgI 正溶胶。其胶团结构表示为

$$\{[\mathrm{AgI}]_m\, n\mathrm{Ag}^+\cdot(n-1)\mathrm{NO_3}^-\}^{x-}\cdot x\mathrm{NO_3}^-$$

在同一溶胶中，每个固体微粒所含的粒子个数 m 可以多少不等，其表面上所吸附的离子的个数 n 也不尽相等。

【例 8.2】试写出溶胶 $Al(OH)_3$（1）在酸性介质中的胶团结构；（2）在碱性介质中的胶团结构。

解：（1）在酸性介质中

$$Al(OH)_3+HCl \longrightarrow Al(OH)_2Cl+H_2O$$

$$Al(OH)_2Cl \longrightarrow Al(OH)_2{}^{+}+Cl^{-}$$

胶团结构为　$\{[Al(OH)_3]_m n\, Al(OH)_2{}^{+}\cdot(n-1)Cl^{-}\}^{x+}\cdot x\, Cl^{-}$

（2）在碱性介质中

$$Al(OH)_3+KOH \longrightarrow KAlO_2+2\,H_2O$$

$$KAlO_2 \longrightarrow K^{+}+AlO_2{}^{-}$$

胶团结构为　$\{[Al(OH)_3]_m n\, AlO_2{}^{-}\cdot(n-1)K^{+}\}^{x-}\cdot x\, K^{+}$

8.3.3　溶胶的稳定性和聚沉

1. 溶胶的稳定性

溶胶拥有巨大的比表面积，是热力学不稳定体系，具有聚结不稳定性，但有些溶胶在相当长的时间内能相对稳定地存在。例如，法拉第配制的红色金溶胶，静置数十年后才聚沉。溶胶稳定的原因有：

（1）溶胶的动力稳定性。

溶胶的粒子小，布朗运动激烈，因此在重力场中不易沉降，这种性质称为溶胶的动力稳定性。影响溶胶的动力稳定性的主要因素是分散度。分散度越大，胶粒越小，布朗运动越剧烈，扩散能力越强，动力稳定性就越大，胶粒越不易下沉。此外分散介质黏度越大，胶粒与分散介质的密度差越小，胶粒越难下沉，溶胶的动力稳定性也越大。

（2）胶粒带电的稳定性。

胶团粒子带有相同的电荷，相互排斥，不易聚结，是使溶胶稳定存在的重要原因。

（3）溶剂化的稳定作用。

溶胶的胶核是憎水的，但紧密层和扩散层中的离子都是溶剂化的，这样在胶粒周围形成了溶剂化层。溶剂化层具有定向排列结构，当胶粒接近时，溶剂化层被挤压变形，会有力图恢复原定向排列结构的能力，使溶剂化层具有弹性，造成胶粒接近时的机械阻力，防止了溶胶的聚沉，从而使溶胶稳定存在。

2. 溶胶的聚沉

溶胶中的分散相微粒互相聚结，颗粒变大，进而发生沉淀的现象，称为溶胶的聚沉。引起溶胶聚沉的原因是多方面的，主要有以下三方面。

（1）电解质的聚沉作用

电解质对溶胶稳定性的影响具有双重性。电解质浓度较小时，作为溶胶的稳定剂，有助于胶粒形成双电层，使胶粒因带同种电荷而不易聚结。但当电解质浓度大到一定程度时，则使双电层的扩散层被压缩，溶胶粒子所带电量减小，ξ 电势降低，胶粒下力小，从而引起溶胶聚沉。电解质的聚沉能力用聚沉值表示。聚沉值是在一定条件下，使溶胶明显聚沉所需电解质的最小浓度。聚沉值越大，电解质的聚沉能力越小，其规律如下。

① 电解质中能使溶胶发生聚沉的离子，是与胶粒带电性相反的离子，即反离子。反离子的价数愈高，聚沉能力越强。对于给定的溶胶，不同氧化值（1、2、3 价）的反离子，其聚沉值的比例大约为 100∶1.6∶0.14，约为 $\left(\frac{1}{1}\right)^6:\left(\frac{1}{2}\right)^6:\left(\frac{1}{3}\right)^6$。这表示聚沉值与反离子价数的六次方成反比，称为舒尔策-哈迪（Schulze-Hardy）价数规则

② 价数相同的离子聚沉能力也有所不同。例如，同价正离子，离子半径愈小，水化能力愈强，水化层愈厚，被吸附能力愈小，聚沉能力愈弱；同价负离子，离子半径愈小，被吸能力愈强，聚沉能力愈强。某些一价正、负离子，对带相反电荷胶体粒子的聚沉能力大小的顺序，可排列为

$$H^+ > Cs^+ > Rb^+ > NH^+ > Na^+ > Li^+$$

$$Cl^- > Br^- > NO^- > I^- > SCN^- > OH^-$$

这种将价数相同的阳离子或阴离子按聚沉能力大小排列的顺序。

电解质使溶胶聚沉的实例很多。例如，在江海接界处，常有清水和浑水的分界面，这是海水中的盐类对江海中荷负电的土壤胶体聚沉的结果，而小岛和沙洲的形成正是土壤胶体聚沉后的产物。又如，做豆腐时要“点浆”，因为卤水中含有 Na^+、Ca^{2+}、Mg^{2+}等离子，而豆浆是荷负电的大豆蛋白腔体，在豆浆中加入卤水，能使荷负电的胶体聚沉面得到豆腐。

（2）溶胶的相互聚沉作用

两种带相反电荷的溶胶混合，会相互聚沉。当两种溶胶的电荷量恰好相等时，发生完全聚沉，否则发生部分聚沉，甚至不聚沉。在日常生活中用明矾净化水就是利用溶胶相互聚沉。天然水中的悬浮物主要是泥沙等硅酸盐，为负溶胶，而明矾 $KAl(SO_4)_2 \cdot 12H_2O$ 在水中水解后生成 $Al(OH)_3$ 为正溶胶，两者相互聚沉使饮用水达到净化的目的。医院内利用血液能否相互凝结来判断血型，也与胶体的相互聚沉有关。

（3）大分子化合物对溶胶的敏化作用和保护作用

在溶胶中加入少量大分子化合物，有时会降低溶胶的稳定性，这种现象称为大分子合物对溶胶的敏化作用。产生这种现象的原因可能是大分子化合物数量少时，无法颗粒表面完全覆盖，胶粒附着在大分子化合物上，附着得多了，质量变大而引起聚沉。

若在溶胶中加入较多大分子化合物，则大分子化合物被吸附在胶粒表面，包围住胶粒，使胶粒对分散介质的亲和力增加，从而增加了溶胶的稳定性，这种现象称为大分子化合物对溶胶的保护作用。

在人体的生理过程中，大分子化合物对溶胶的保护作用尤为重要。健康人血液中含有反的溶胶状难溶物质如 $MgCO_3$、$Ca_3(PO_4)_2$ 等，被血清蛋白等大分子化合物保护着；当发生某些疾病，导致血液中的大分子化合物减少时，就会出现溶胶的聚沉，即在体内的某些器官内形成结石，如常见的肾结石、胆结石等。

习　题

一、判断题

1. 只有在比表面很大时才能明显地看到表面现象，故系统表面增大是表面张力产生的原因。
2. 对大多数系统来讲，当温度升高时，表面张力下降。
3. 恒温、恒压下，凡能使系统表面吉布斯函数降低的过程都是自发过程。
4. 过饱和蒸气之所以可能存在，是因新生成的微小液滴具有很大的比表面吉布斯函数。
5. 液体在毛细管内上升或下降决定于该液体的表面张力的大小。
6. 单分子层吸附只能是化学吸附，多分子层吸附只能是物理吸附。
7. 溶胶在热力学和动力学上都是稳定系统。
8. 溶胶与真溶液一样是均相系统。
9. 能产生丁达尔效应的分散系统是溶胶。
10. 晴朗的天空是蓝色，是白色太阳光被大气散射的结果。

二、单选题

1. 纯水的表面张力是指恒温恒压组成时水与哪类相接触时的界面张力？（　　）

A. 饱和水蒸气　　B. 饱和了水蒸气的空气

C. 空气　　D. 含有水蒸气的空气

2. 在液面上，某一小面积 S 周围表面对 S 有表面张力，下列叙述不正确的是（　　）。

A. 表面张力与液面垂直

B. 表面张力与 S 的周边垂直

C. 表面张力沿周边与表面相切

D. 表面张力的合力在凸液面指向液体内部（曲面球心），在凹液面指向液体外部

3. 同一体系，比表面自由能和表面张力都用 γ 表示，它们（　　）。

A. 物理意义相同，数值相同

B. 量纲和单位完全相同

C. 物理意义相同，单位不同

D. 前者是标量，后者是矢量

4. 一个玻璃毛细管分别插入 25℃ 和 75℃ 的水中，则毛细管中的水在两不同温度水中上升的高度（　　）。

A. 相同　　B. 无法确定

C. 25℃水中高于 75℃水中　　D. 75℃ 水中高于 25℃水中。

5. 雾属于分散体系，其分散介质是（　　）。

A. 液体　　B. 气体

C. 固体　　D. 气体或固体

6. 将高分子溶液作为胶体体系来研究，因为它（　　）。

A. 是多相体系　　B. 热力学不稳定体系

C. 对电解质很敏感　　D. 粒子大小在胶体范围内

7. 溶胶的基本特性之一是（　　）。

A. 热力学上和动力学上皆属于稳定体系

B. 热力学上和动力学上皆属不稳定体系

C. 热力学上不稳定而动力学上稳定体系

D. 热力学上稳定而动力学上不稳定体系

8. 溶胶与大分子溶液的区别主要在于（　　）。

A. 粒子大小不同

B. 渗透压不同

C. 丁铎尔效应的强弱不同

D. 相状态和热力学稳定性不同

9. 大分子溶液和普通小分子非电解质溶液的主要区分是大分子溶液的（　　）。

A. 渗透压大　　B. 丁达尔效应显著

C. 不能透过半透膜　　D. 对电解质敏感

10. 以下说法中正确的是（　　）。

A. 溶胶在热力学和动力学上都是稳定系统

B. 溶胶与真溶液一样是均相系统

C. 能产生丁达尔效应的分散系统是溶胶

D. 通过超显微镜也不能看到胶体粒子的形状和大小

11. 在 $AgNO_3$ 溶液中加入稍过量 KI 溶液，得到溶胶的胶团结构可表示为（　　）。

A. $[(AgI)_m \cdot nI^- \cdot (n-x) \cdot K^+]^{x-} \cdot xK^+$

B. $[(AgI)_m \cdot nNO_3^- \cdot (n-x)K^+]^{x-} \cdot xK^+$

C. $[(AgI)_m \cdot nAg^+ \cdot (n-x)I^-]^{x-} \cdot xK^+$

D. $[(AgI)_m \cdot nAg^+ \cdot (n-x)NO_3^-]^{x+} \cdot xNO_3^-$

12. 恒定温度下，KNO_3、$NaCl$、Na_2SO_4、$K_3Fe(CN)_6$ 对 $Al(OH)_3$ 溶胶的凝结能力是（　　）。

A. $Na_2SO_4 > K_3Fe(CN)_6 > KNO_3 > NaCl$

B. $K_3Fe(CN)_6 > Na_2SO_4 > NaCl > KNO_3$

C. $K_3Fe(CN)_6 > Na_2SO_4 > NaCl = KNO_3$

D. $K_3Fe(CN)_6 > KNO_3 > Na_2SO_4 > NaCl$

参考文献

[1] 侯炜. 物理化学[M]. 北京：科学出版社，2011.

[2] 傅献彩，沈文霞，姚天杨. 物理化学[M]. 5 版. 北京：高等教育出版社，2005.

[3] 新世纪高职高专化学教材编审委员会. 物理化学[M]. 大连：大连理工大学出版，2007.

[4] 天津大学物理化学教研室. 物理化学[M]. 3 版. 北京：高等教育出版社，1993.

[5] 高职高专化学教材编写组. 物理化学[M]. 北京：化学工业出版社 2002.

[6] 朱传征，许海涵. 物理化学[M]. 北京：科学出版社，2001.

[7] 万洪文，詹正坤. 等. 物理化学[M]. 北京：高等教育出版社，2002.

[8] 李文斌. 物理化学例题和习题[M]. 2 版. 天津：天津大学出版社，1998

[9] 沈钟，赵振国，王国庭. 股体与表面化学[M]. 北京：化学工业出版社，2004.

[10] 王桂茹. 催化剂与催化作用[M]. 3 版. 大连：大连理工大学出版，2007.

附　录

附录 A　国际相对原子质量表

[以相对原子质量 $A_r(^{12}C)=12$ 为标准]

元素	符号	相对原子质量	元素	符号	相对原子质量	元素	符号	相对原子质量	元素	符号	相对原子质量
锕	Ac	227.0	铒	Er	167.3	锰	Mn	54.94	钌	Ru	101.1
银	Ag	107.9	锿	Es	252.1	钼	Mo	95.94	硫	S	32.065
铝	Al	26.98	铕	Eu	152.0	氮	N	14.01	锑	Sb	121.8
镅	Am	243.1	氟	F	19.00	钠	Na	22.99	钪	Sc	44.96
氩	Ar	39.95	铁	Fe	55.85	铌	Nb	92.91	硒	Se	78.96
砷	As	74.92	镄	Fm	257.1	钕	Nd	144.2	硅	Si	28.09
砹	At	210.0	钫	Fr	223.0	氖	Ne	20.18	钐	Sm	150.4
金	Au	197.0	镓	Ga	69.72	镍	Ni	58.69	锡	Sn	118.7
硼	B	10.81	钆	Gd	157.2	锘	No	259.1	锶	Sr	87.62
钡	Ba	137.3	锗	Ge	72.59	镎	Np	237.1	钽	Ta	180.9
铍	Be	9.012	氢	H	1.008	氧	O	16.00	铽	Tb	158.9
铋	Bi	209.0	氦	He	4.003	锇	Os	190.2	锝	Tc	98.91
锫	Bk	247.1	铪	Hf	178.5	磷	P	30.97	碲	Te	127.6
溴	Br	79.90	汞	Hg	200.5	镤	Pa	231.0	钍	Th	232.0
碳	C	12.01	钬	Ho	164.9	铅	Pb	207.2	钛	Ti	47.88
钙	Ca	40.08	碘	I	126.9	钯	Pd	106.4	铊	Tl	204.4
镉	Cd	112.4	铟	In	114.8	钷	Pm	144.9	铥	Tm	168.9
铈	Ce	140.1	铱	Ir	192.2	钋	Po	210.0	铀	U	238.0
锎	Cf	252.1	钾	K	39.10	镨	Pr	140.9	钒	V	50.94
氯	Cl	35.45	氪	Kr	83.30	铂	Pt	195.1	钨	W	183.9
锔	Cm	247.1	镧	La	138.9	钚	Pu	239.1	氙	Xe	131.2
钴	Co	58.93	锂	Li	6.941	镭	Ra	226.0	钇	Y	88.91
铬	Cr	52.00	铹	Lr	260.1	铷	Rb	35.47	镱	Yb	173.0
铯	Cs	132.9	镥	Lu	175.0	铼	Re	186.2	锌	Zn	65.38
铜	Cu	63.55	钔	Md	256.1	铑	Rh	102.9	锆	Zr	91.22
镝	Dy	162.5	镁	Mg	24.31	氡	Rn	222.0			

附录 B　标准热力学数据（298.15 K）

分子式	状态	$\Delta_f H_m^\ominus$/(kJ·mol^{-1})	$\Delta_f G_m^\ominus$/(kJ·mol^{-1})	$S_m^\ominus$/(J·mol^{-1}·K^{-1})	$C_{p,m}^\ominus$/(J·mol^{-1}·K^{-1})
Ag	cr	0.0	—	42.6	25.35
AgBr	cr	−100.4	−96.9	107.1	52.4
AgCl	cr	−127.0	−109.8	96.3	50.8
Ag_2O	cr	−31.1	−11.2	121.3	65.9
Al	cr	0.0	0	28.3	24.3
Al_2O_3	cr	−1675.7	−1582.3	50.9	79.0
Br	l	0.0	0	—	75.7
Br	g	30.907	3.111	245.463	36.0
Ca	cr	0.0	0.0	41.6	25.9
$CaCl_2$	cr	−795.4	−748.8	108.4	72.6
$CaCO_3$(方解石)	cr	−1207.6	−1129.1	91.7	81.9
CaS	cr	−482.4	−477.4	56.5	47.4
CaO	cr	−634.9	−603.3	38.1	42.8
$Ca(OH)_2$	cr	−985.2	−897.5	83.4	87.5
Cl_2	g	0.0	—	223.1	33.9
Cu	cr	0.0	—	33.2	24.4
Cu	g	337.4	297.7	166.4	20.8
CuO	cr	−157.3	−129.7	42.6	42.3
$CuSO_4$	cr	−771.4	−662.2	109.2	63.6-
Cu_2O	cr	−168.6	−146.0	93.1	63.6
Cd	g	111.8	—	167.7	20.8
$CdCl_2$	cr	−391.5	−343.9	115.3	74.7
CdO	cr	−258.4	−228.7	54.8	43.4
F_2	g	0.0	—	202.8	31.3
Fe	cr	0.0	—	27.3	25.1
$FeCO_3$	cr	−740.6	−666.7	92.9	82.13
FeO	cr	−272.0	—	—	—
Fe_2O_3	cr	−824.2	−742.2	87.4	103.9
Fe_3O_4	cr	−1118.4	−1015.4	146.4	143.4
FeS	cr	−100.0	−100.4	60.3	50.5
$FeSO_4$	cr	−928.4	−820.8	107.5	100.6
H_2	g	0.0	—	130.7	28.8
HBr	g	−36.3	−53.4	198.7	29.12
HCl	g	−92.3	−95.3	186.9	29.12
H_2	g	0.0	0.0	130.7	28.8

续表

分子式	状态	$\Delta_f H_m^{\ominus}$/(kJ · mol^{-1})	$\Delta_f G_m^{\ominus}$/(kJ · mol^{-1})	$S_m^{\ominus}$/(J · mol^{-1} · K^{-1})	$C_{p,m}^{\ominus}$/(J ·mol^{-1} ·K^{-1})
HCl	g	−92.311	−95.265	186.786	29.12
HI	g	26.5	1.7	206.6	29.2
HNO_3	l	−174.1	−80.7	155.6	109.9
HBr	g	−36.24	−53.22	198.60	29.12
H_2O	l	−285.8	−237.1	70.0	75.3
H_2O	g	−241.8	−228.6	188.8	33.6
H_2O_2	l	−187.8	−120.4	109.6	89.1
H_2O_2	g	−136.3	−105.6	232.7	43.1
H_2SO_4	l	−814.0	−690.0	156.9	138.9
Hg	l	0.0	0.0	75.9	28.0
Hg	g	61.4	31.8	175.0	20.8
HgO	cr	−90.8	−58.5	70.3	44.1
$HgSO_4$	cr	−707.5	—	—	—
HgS	cr	−58.2	−50.6	82.4	48.4
I_2	cr	0.0	—	116.1	54.4
I_2	g	62.4	19.3	260.7	36.9
K	cr	0.0	—	64.7	29.2
K	g	89.0	60.5	160.3	20.8
KCl	cr	−436.5	−408.5	82.6	51.3
$KClO_3$	cr	−397.7	−296.3	143.1	100.2
KI	cr	−327.9	−324.9	106.3	52.9
KIO_3	cr	−501.4	−418.4	151.5	106.5
$KMnO_4$	cr	−837.2	−737.6	171.7	117.6
KNO_3	cr	−494.6	−394.9	133.1	96.4
Mg	cr	0.0	0.0	32.7	24.9
Mg	g	147.1	112.5	148.6	20.8
MgO	cr	−601.6	−569.3	27.0	37.2
$MgSO_4$	cr	−1284.9	−1170.6	91.6	96.5
$Mg(OH)_2$	cr	−924.5	−833.5	63.2	77.0
$MgCO_3$	cr	−1113	−1029	65.7	75.5
MgCl	cr	−641.3	−591.8	89.6	71.38
Mn	cr	0.0	0.0	32.7	24.9
Mn	g	147.1	112.5	148.6	20.8
MnO	g	−601.6	−569.3	27.0	37.2
N_2	g	0.0	—	191.6	29.1

分子式	状态	$\Delta_f H_m^\ominus$/(kJ·mol^{-1})	$\Delta_f G_m^\ominus$/(kJ·mol^{-1})	$S_m^\ominus$/(J·mol^{-1}·K^{-1})	$C_{p,m}^\ominus$/(J·mol^{-1}·K^{-1})
NH_3	g	−45.9	−16.4	192.8	35.65
NH_4Cl	cr	−314.4	−202.9	94.6	84.1
NH_4NO_3	cr	−365.6	−183.9	151.1	171.5
NO_2	g	33.2	51.3	240.1	37.9
N_2O	g	82.1	104.2	219.9	38.5
Na	cr	0.0	—	51.3	28.2
Na	g	107.5	77.0	153.7	20.8
NaCl	cr	−411.2	−384.1	72.1	—
Na_2CO_3	cr	−1130.7	−1044.4	135.0	—
NaOH	cr	−425.6	−379.5	64.5	59.54
Na_2O	cr	−414.2	−375.5	75.1	—
Na_2S	cr	−364.8	−349.8	83.7	—
Na_2SO_4	cr	−1387.1	−1270.2	149.6	128.2
O_2	g	0.0	—	205.2	29.4
O_3	g	142.7	163.2	238.9	39.2
P(白, white)	cr	0.0	—	41.1	23.8
P(红, red)	cr	−17.6	—	22.8	21.2
PCl_3	g	−287.0	−267.8	311.8	71.8
PCl_5	g	−374.9	−305.0	364.6	112.8
PbO	cr	−219.2	−189.3	67.9	49.3
PbO_2	cr	−276.6	−219.0	76.6	64.4
S(正交晶体, Ortho)	cr	0.0	—	32.1	22.6
S(单斜晶体, Mono)	cr	0.3	—	—	23.64
SO_2	g	−296.8	−300.1	248.2	39.9
SO_3	g	−395.7	−371.1	256.8	50.7
$SiO_2(\alpha)$	cr	−910.7	−856.3	41.5	44.4
Zn	cr	0.0	–	41.6	25.4
$ZnCl_2$	cr	−415.1	−369.4	111.5	71.3
ZnO	cr	−350.5	−320.5	43.6	40.3
CH_4 甲烷	g	−74.8	−50.7	186.3	35.3
C_2H_6 乙烷	g	−84.7	−32.8	229.6	52.6
C_2H_4 乙烯	g	52.4	68.2	219.6	43.6
C_2H_2 乙炔	g	226.7	209.2	200.9	43.9
CH_3OH 甲醇	l	−238.7	−166.3	126.8	81.6

分子式	状态	$\Delta_f H_m^\ominus$/(kJ·mol^{-1})	$\Delta_f G_m^\ominus$/(kJ·mol^{-1})	$S_m^\ominus$/(J·mol^{-1}·K^{-1})	$C_{p,m}^\ominus$/(J·mol^{-1}·K^{-1})
CH_3OH 甲醇	g	−200.7	−162.0	239.8	43.9
C_2H_5OH 乙醇	l	−277.7	−174.8	160.7	111.5
C_2H_5OH 乙醇	g	−235.1	−168.5	282.7	65.4
$(CH_2OH)_2$ 乙二醇	l	−454.8	−323.1	166.9	149.8
$(CH_3)_2O$ 二甲醚	l	−184.1	−122.6	266.4	64.4
HCHO 甲醛	g	−108.6	−102.5	218.8	35.4
CH_3CHO 乙醛	g	−166.2	−1128.9	250.3	57.3
HCOOH 甲酸	l	−424.7	−361.4	129.0	99.0
CH_3COOH 乙酸	l	−484.5	−389.9	159.8	124.3
CH_3COOH 乙酸	g	−432.3	−374.0	282.5	66.53
$(CH_2)_2O$ 环氧乙烷	l	−77.8	−11.7	153.8	87.9
$(CH_2)_2O$ 环氧乙烷	g	−52.6	−13.0	242.5	47.9
$CHCl_3$ 氯仿	l	−134.5	−73.7	201.7	113.8
$CHCl_3$ 氯仿	g	−103.1	−70.3	295.7	65.7
C_2H_5Cl 氯乙烷	l	−136.5	−59.3	190.8	104.3
C_2H_5Cl 氯乙烷	g	−112.2	−60.4	276.0	62.8
C_2H_5Br 溴乙烷	l	−92.01	−27.70	198.7	100.8
C_2H_5Br 溴乙烷	g	−64.52	−26.48	286.71	64.52
CH_2CHCl 氯乙烯	g	35.6	51.9	263.99	53.72
CH_3COCl 氯乙酰	l	−273.80	−207.99	200.8	117
CH_3COCl 氯乙酰	g	−243.51	−205.80	295.1	67.8
C_4H_6 1,3–丁二烯	g	110.2	150.7	278.8	79.5
C_4H_8 1–丁烯	g	−0.13	71.4	305.7	85.6
n- C_4H_{10} 正丁烷	g	−126.2	−17.0	310.2	97.5
C_6H_6 苯	l	49.0	124.1	173.3	135.1
C_6H_6 苯	g	82.9	129.1	269.7	81.7
CH_3NH_2 甲胺	g	−23.0	32.2	243.41	53.1
$(NH_3)_2CO$ 尿素	cr	−333.5	−197.3	104.6	93.14

物质状态表示符号为：g—气态，l—液态，cr—晶体。

$\Delta_f H_m^\ominus$——物质的标准生成焓（298.15 K），单位为 kJ·mol^{-1}；

$\Delta_f G_m^\ominus$——物质的标准生成 Gibbs 自由能（298.15 K），单位为 kJ·mol^{-1}；

$S^\ominus$——物质的标准熵（298.15K），单位为 J·mol^{-1}·K^{-1}。

附录 C　标准电极电位表（18~25 ℃）

半　反　应	$\varphi^{\ominus}$/V
$F_2(g) + 2H^+ + 2e^- = 2HF$	3.06
$O_3 + 2H^+ + 2e^- = O_2 + 2H_2O$	2.07
$S_2O_8^{2-} + 2e^- = 2SO_4^{2-}$	2.01
$H_2O_2 + 2H^+ + 2e^- = 2H_2O$	1.77
$MnO_4^- + 4H^+ + 3e^- = MnO_2(s) + 2H_2O$	1.695
$PbO_2(s) + SO_4^{2-} + 4H^+ + 2e^- = PbSO_4(s) + 2H_2O$	1.685
$HClO_2 + 2H^+ + 2e^- = HClO + H_2O$	1.64
$HClO + H^+ + e^- = 1/2\ Cl_2 + H_2O$	1.63
$Ce^{4+} + e^- = Ce^{3+}$	1.61
$H_5IO_6 + H^+ + 2e^- = IO_3^- + 3H_2O$	1.6
$HBrO + H^+ + e^- = 1/2\ Br_2 + H_2O$	1.59
$BrO_3^- + 6H^+ + 5e^- = 1/2\ Br_2 + 3H_2O$	1.52
$MnO_4^- + 8H^+ + 5e^- = Mn^{2+} + 4H_2O$	1.51
$Au(III) + 3e^- = Au$	1.5
$HClO + H^+ + 2e^- = Cl^- + H_2O$	1.49
$ClO_3^- + 6H^+ + 5e^- = 1/2\ Cl_2 + 3H_2O$	1.47
$PbO_2(s) + 4H^+ + 2e^- = Pb^{2+} + 2H_2O$	1.455
$HIO + H^+ + e^- = 1/2\ I_2 + H_2O$	1.45
$ClO_3^- + 6H^+ + 6e^- = Cl^- + 3H_2O$	1.45
$BrO_3^- + 6H^+ + 6e^- = Br^- + 3H_2O$	1.44
$Au(III) + 2e^- = Au(I)$	1.41
$Cl_2(g) + 2e^- = 2Cl$	1.3595
$ClO_4^- + 8H^+ + 7e^- = 1/2\ Cl_2 + 4H_2O$	1.34
$Cr_2O_7^{2-} + 14H^+ + 6e^- = 2Cr^{3+} + 7H_2O$	1.33
$MnO_2(s) + 4H^+ + 2e^- = Mn^{2+} + 2H_2O$	1.23
$O_2(g) + 4H^+ + 4e^- = 2H_2O$	1.229
$IO_3^- + 6H^+ + 5e^- = 1/2\ I_2 + 3H_2O$	1.2
$ClO_4^- + 2H^+ + 2e^- = ClO_3^- + H_2O$	1.19
$Br_2(aq) + 2e^- = 2Br^-$	1.087

续表

半　反　应	$\varphi^{\ominus}$/V
$NO_2 + H^+ + e^- = HNO_2$	1.07
$Br_3^- + 2e^- = 3Br^-$	1.05
$HNO_2 + H^+ + e^- = NO(g) + H_2O$	1
$VO_2^+ + 2H^+ + e^- = VO^{2+} + H_2O$	1
$HIO + H^+ + 2e^- = I^- + H_2O$	0.99
$NO_3^- + 3H^+ + 2e^- = HNO_2 + H_2O$	0.94
$ClO^- + H_2O + 2e^- = Cl^- + 2OH^-$	0.89
$H_2O_2 + 2e^- = 2OH^-$	0.88
$Cu^2 + I^- + e^- = CuI(s)$	0.86
$Hg^2 + 2e^- = Hg$	0.845
$NO_3^- + 2H^+ + e^- = NO_2 + H_2O$	0.8
$Ag^+ + e^- = Ag$	0.7995
$Hg_2^{2+} + 2e^- = 2Hg$	0.793
$Fe^{3+} + e^- = Fe^{2+}$	0.771
$BrO^- + H_2O + 2e^- = Br^- + 2OH^-$	0.76
$O_2(g) + 2H^+ + 2e^- = H_2O_2$	0.682
$AsO_8^- + 2H_2O + 3e^- = As + 4OH^-$	0.68
$2HgCl_2 + 2e^- = Hg_2Cl_2(s) + 2Cl^-$	0.63
$Hg_2SO_4(s) + 2e^- = 2Hg + SO_4^{2-}$	0.6151
$MnO_4^- + 2H_2O + 3e^- = MnO_2(s) + 4OH^-$	0.588
$MnO_4^- + e^- = MnO_4^{2-}$	0.564
$H_3AsO_4 + 2H^+ + 2e^- = HAsO_2 + 2H_2O$	0.559
$I_3^- + 2e^- = 3I^-$	0.545
$I_2(s) + 2e^- = 2I^-$	0.5345
Mo(Ⅵ)$+e^- =$Mo(Ⅴ)	0.53
$Cu + e^- = Cu$	0.52
$4SO_2(ag) + 4H^+ + 6e^- = S_4O_6^{2-} + 2H_2O$	0.51
$HgCl_4^{2-} + 2e^- = Hg + 4Cl^-$	0.48
$2SO_2(aq) + 2H^+ + 4e^- = S_2O_3^{2-} + H_2O$	0.4
$[Fe(CN)_6]^{3-} + e^- = [Fe(CN)_6]^{4-}$	0.36

续表

半　反　应	$\varphi^{\ominus}$/V
$Cu^{2}+2e^{-}=Cu$	0.337
$VO^{2+}+2H^{+}+e^{-}=V^{3+}+H_2O$	0.337
$BiO+2H^{+}+3e^{-}=Bi+H_2O$	0.32
$Hg_2Cl_2(s)+2e^{-}=2Hg+2Cl^{-}$	0.2676
$HAsO_2+3H^{+}+3e^{-}=As+2H_2O$	0.248
$AgCI(s)+e^{-}=Ag+Cl^{-}$	0.2223
$SbO+2H^{+}+3e^{-}=Sb+H_2O$	0.212
$SO_4^{2-}+4H^{+}+2e^{-}=SO_2(ag)+2H_2O$	0.17
$Cu^{2+}+e^{-}=Cu^{+}$	0.159
$Sn^{4+}+2e^{-}=Sn^{2+}$	0.154
$S+2H^{+}+2e^{-}=H_2S(g)$	0.141
$Hg_2Br_2+2e^{-}=2Hg+2Br^{-}$	0.1395
$TiO^{2+}+2H^{+}+e^{-}=Ti^{3+}+H_2O$	0.1
$S_4O_6^{2-}+2e^{-}=2S_2O_3^{2-}$	0.08
$AgBr(s)+e^{-}=Ag+Br^{-}$	0.071
$2H^{+}+2e^{-}=H_2$	0
$O_2+H_2O+2e^{-}=HO_2^{-}+OH^{-}$	−0.067
$TiOCl^{+}+2H^{+}+3Cl^{-}+e^{-}=TiCl_4^{-}+H_2O$	−0.09
$Pb^{2+}+2e^{-}=Pb$	−0.126
$Sn^{2+}+2e^{-}=Sn$	−0.136
$AgI(s)+e^{-}=Ag+I^{-}$	−0.152
$Ni^{2}+2e^{-}=Ni$	−0.246
$H_3PO_4+2H^{+}+2e^{-}=H_3PO_3+H_2O$	−0.276
$Co^{2}+2e^{-}=Co$	−0.277
$Tl^{+}+e^{-}=Tl$	−0.336
$In^{3+}+3e^{-}=In$	−0.345
$PbSO_4(s)+2e^{-}=Pb+SO_4^{2-}$	−0.3553
$SeO_3^{2-}+3H_2O+4e^{-}=Se+6OH^{-}$	−0.366
$As+3H^{+}+3e^{-}=AsH_3$	−0.38

续表

半 反 应	$\varphi^{\ominus}$/V
$Se+2H^{+}+2e^{-}=H_2Se$	−0.4
$Cd^{2+}+2e^{-}=Cd$	−0.403
$Cr^{3+}+e^{-}=Cr^{2+}$	− 0.41
$Fe^{2+}+2e^{-}=Fe$	−0.44
$S+2e^{-}=S^{2-}$	−0.48
$2CO_2+2H^{+}+2e^{-}=H_2C_2O_4$	−0.49
$H_3PO_3+2H^{+}+2e^{-}=H_3PO_2+H_2O$	−0.5
$Sb+3H^{+}+3e^{-}=SbH_3$	−0.51
$HPbO_2^{-}+H_2O+2e^{-}=Pb+3OH^{-}$	−0.54
$Ga^{3+}+3e^{-}=Ga$	−0.56
$TeO_3^{2-}+3H_2O+4e^{-}=Te+6OH^{-}$	−0.57
$2SO_3^{2-}+3H_2O+4e^{-}=S_2O_3^{2-}+6OH^{-}$	−0.58
$SO_3^{2-}+3H_2O+4e^{-}=S+6OH^{-}$	−0.66
$AsO_4^{3-}+2H_2O+2e^{-}=AsO_2^{-}+4OH^{-}$	−0.67
$Ag_2S(s)+2e^{-}=2Ag+S^{2-}$	−0.69
$Zn^{2+}+2e^{-}=Zn$	−0.763
$2H_2O+2e^{-}=H_2+2OH^{-}$	−8.28
$Cr^{2+}+2e^{-}=Cr$	−0.91
$HSnO_2^{+}+H_2O+2e^{-}=Sn^{-}+3OH^{-}$	− 0.91
$Se+2e^{-}=Se^{2-}$	−0.92
$[Sn(OH)_6]^{2-}+2e^{-}=HSnO_2^{-}+H_2O+3OH^{-}$	−0.93
$CNO^{-}+H_2O+2e^{-}=CN^{-}+2OH^{-}$	−0.97
$Mn^{2+}+2e^{-}=Mn$	−1.182
$ZnO_2^{2-}+2H_2O+2e^{-}=Zn+4OH^{-}$	−1.216
$Al^{3+}+3e^{-}=Al$	−1.66
$H_2AlO_3^{-}+H_2O+3e^{-}=Al+4OH^{-}$	−2.35
$Mg^{2+}+2e^{-}=Mg$	−2.37
$Na^{+}+e^{-}=Na$	−2.714
$Ca^{2+}+2e^{-}=Ca$	−2.87

续表

半　反　应	$\varphi^{\ominus}$/V
$Sr^{2+}+2e^{-} = Sr$	−2.89
$Ba^{2+}+2e^{-} = Ba$	−2.9
$K^{+}+e^{-} = K$	−2.925
$Li^{+}+e^{-} = Li$	−3.042